研究堆的调试

国际原子能机构成员国

阿富汗
阿尔巴尼亚
阿尔及利亚
安哥拉
安提瓜和巴布达
阿根廷
亚美尼亚
澳大利亚
奥地利
阿塞拜疆
巴哈马
巴林
孟加拉国
巴巴多斯
白罗斯
比利时
伯利兹
贝宁
多民族玻利维亚国
波斯尼亚和黑塞哥维那
博茨瓦纳
巴西
文莱达鲁萨兰国
保加利亚
布基纳法索
布隆迪
佛得角
柬埔寨
喀麦隆
加拿大
中非共和国
乍得
智利
中国
哥伦比亚
科摩罗
刚果
库克群岛
哥斯达黎加
科特迪瓦
克罗地亚
古巴
塞浦路斯
捷克共和国
刚果民主共和国
丹麦
吉布提
多米尼克
多米尼加共和国
厄瓜多尔
埃及
萨尔瓦多
厄立特里亚
爱沙尼亚
斯威士兰
埃塞俄比亚
斐济
芬兰
法国
加蓬
冈比亚
格鲁吉亚
德国
加纳
希腊
格林纳达
危地马拉
几内亚
圭亚那
海地
教廷
洪都拉斯
匈牙利
冰岛
印度
印度尼西亚
伊朗伊斯兰共和国
伊拉克
爱尔兰
以色列
意大利
牙买加
日本
约旦
哈萨克斯坦
肯尼亚
大韩民国
科威特
吉尔吉斯斯坦
老挝人民民主共和国
拉脱维亚
黎巴嫩
莱索托
利比里亚
利比亚
列支敦士登
立陶宛
卢森堡
马达加斯加
马拉维
马来西亚
马里
马耳他
马绍尔群岛
毛里塔尼亚
毛里求斯
墨西哥
摩纳哥
蒙古
黑山
摩洛哥
莫桑比克
缅甸
纳米比亚
尼泊尔
荷兰王国
新西兰
尼加拉瓜
尼日尔
尼日利亚
北马其顿
挪威
阿曼
巴基斯坦
帕劳
巴拿马
巴布亚新几内亚
巴拉圭
秘鲁
菲律宾
波兰
葡萄牙
卡塔尔
摩尔多瓦共和国
罗马尼亚
俄罗斯联邦
卢旺达
圣基茨和尼维斯
圣卢西亚
圣文森特和格林纳丁斯
萨摩亚
圣马力诺
沙特阿拉伯
塞内加尔
塞尔维亚
塞舌尔
塞拉利昂
新加坡
斯洛伐克
斯洛文尼亚
南非
西班牙
斯里兰卡
苏丹
瑞典
瑞士
阿拉伯叙利亚共和国
塔吉克斯坦
泰国
多哥
汤加
特立尼达和多巴哥
突尼斯
土耳其
土库曼斯坦
乌干达
乌克兰
阿拉伯联合酋长国
大不列颠及北爱尔兰联合王国
坦桑尼亚联合共和国
美利坚合众国
乌拉圭
乌兹别克斯坦
瓦努阿图
委内瑞拉玻利瓦尔共和国
越南
也门
赞比亚
津巴布韦

国际原子能机构的《规约》于1956年10月23日经在纽约联合国总部举行的原子能机构《规约》会议核准， 并于1957年7月29日生效。原子能机构总部设在维也纳，其主要目标是“加速和扩大原子能对全世界和平、 健康及繁荣的贡献”。

国际原子能机构《安全标准丛书》第 SSG-80 号

研究堆的调试

特定安全导则

国 际 原 子 能 机 构
2024 年·维也纳

Publishing Section
International Atomic Energy Agency
Vienna International Centre
PO Box 100
1400 Vienna, Austria
电话：+43 1 2600 22529 或 22530
电子信箱：sales.publications@iaea.org
网址：https://www.iaea.org/zh/chu-ban-wu

国际原子能机构印刷
2024年9月·奥地利

研究堆的调试

国际原子能机构，奥地利，2024年9月
STI/PUB/2039
ISBN 978-92-0-511324-1（简装书：碱性纸）
978-92-0-511524-5（pdf格式）
EPUB 978-92-0-511424-8
ISSN 1020-5853

前 言

拉斐尔·马里亚诺·格罗西总干事

国际原子能机构（原子能机构）《规约》授权原子能机构“制定……旨在保护健康及尽量减少对生命与财产的危险的安全标准”。这些是原子能机构必须适用于其自身业务而且各国可以通过其国家法规来适用的标准。

原子能机构于 1958 年开始实施其安全标准计划，此后有了许多发展。作为总干事，我致力于确保原子能机构维护和改进这套具有综合性、全面性和一致性的、与时俱进的、用户友好的和适合目的的高质量安全标准。在利用核科学和技术的过程中正确地适用这些标准将为全世界的人和环境提供高水平的保护，并为持续利用核技术造福于所有人提供必要的信心。

安全是得到许多国际公约支持的一项国家责任。原子能机构的安全标准奠定了这些法律文书的基础，而且是有助于各方履行各自义务的全球基准。虽然安全标准对成员国没有法律约束力，但它们被广泛适用。对已在国家法规中采用这些标准以加强核能发电、研究堆和燃料循环设施中以及医学、工业、农业和研究领域核应用中的安全的绝大多数成员国而言，它们已成为不可或缺的基准点和共同标准。

原子能机构的安全标准以原子能机构成员国的实际经验为基础，并通过国际协商一致产生。各安全标准分委员会、核安保导则委员会和安全标准委员会成员的参与尤其重要，我向所有为这项工作贡献自己的知识和专长的人表示感谢。

原子能机构在通过评审工作组访问和咨询服务向成员国提供援助时，也使用这些安全标准。这有助于成员国适用这些标准，并使得能够共享宝贵经验和真知灼见。在安全标准的定期修订过程中，会考虑到这些工作组访问和服务的反馈，以及从使用和适用安全标准的事件和经历中汲取的教训。

我相信，原子能机构安全标准及其适用将为确保在使用核技术时实现高水平安全作出宝贵的贡献。我鼓励所有成员国宣传和适用这些安全标准，并与原子能机构合作，在现在和将来维护其质量。

国际原子能机构安全标准

背景

放射性是一种自然现象，因而天然辐射源的存在是环境的特征。辐射和放射性物质具有许多有益的用途，从发电到医学、工业和农业应用不一而足。必须就这些应用可能对工作人员、公众和环境造成的辐射危险进行评定，并在必要时加以控制。

因此，辐射的医学应用、核装置的运行、放射性物质的生产、运输和使用以及放射性废物的管理等活动都必须服从安全标准的约束。

对安全实施监管是国家的一项责任。然而，辐射危险有可能超越国界，因此，国际合作的目的就是通过交流经验和提高控制危险、预防事故、应对紧急情况和减缓任何有害后果的能力来促进和加强全球安全。

各国负有勤勉管理义务和谨慎行事责任，而且理应履行其各自的国家和国际承诺与义务。

国际安全标准为各国履行一般国际法原则规定的义务例如与环境保护有关的义务提供支持。国际安全标准还促进和确保对安全建立信心，并为国际商业与贸易提供便利。

全球核安全制度已经建立，并且正在不断地加以改进。对实施有约束力的国际文书和国家安全基础结构提供支撑的原子能机构安全标准是这一全球性制度的一座基石。原子能机构安全标准是缔约国根据这些国际公约评价各缔约国遵约情况的一个有用工具。

原子能机构安全标准

原子能机构安全标准的地位源于原子能机构《规约》，其中授权原子能机构与联合国主管机关及有关专门机构协商并在适当领域与之合作，以制定或采取旨在保护健康及尽量减少对生命与财产之危险的安全标准，并对其适用作出规定。

为了确保保护人类和环境免受电离辐射的有害影响，原子能机构安全标准制定了基本安全原则、安全要求和安全措施，以控制对人类的辐射照射和放射性物质向环境的释放，限制可能导致核反应堆堆芯、核链式反应、辐射源或任何其他辐射源失控的事件发生的可能性，并在发生这类事件时减轻其后果。这些标准适用于引起辐射危险的设施和活动，其中包括核装置、辐射和辐射源利用、放射性物质运输和放射性废物管理。

安全措施和安保措施[1]具有保护生命和健康以及保护环境的共同目的。安全措施和安保措施的制订和执行必须统筹兼顾，以便安保措施不损害安全，以及安全措施不损害安保。

原子能机构安全标准反映了有关保护人类和环境免受电离辐射有害影响的高水平安全在构成要素方面的国际共识。这些安全标准以原子能机构《安全标准丛书》的形式印发，该丛书分以下三类（见图1）。

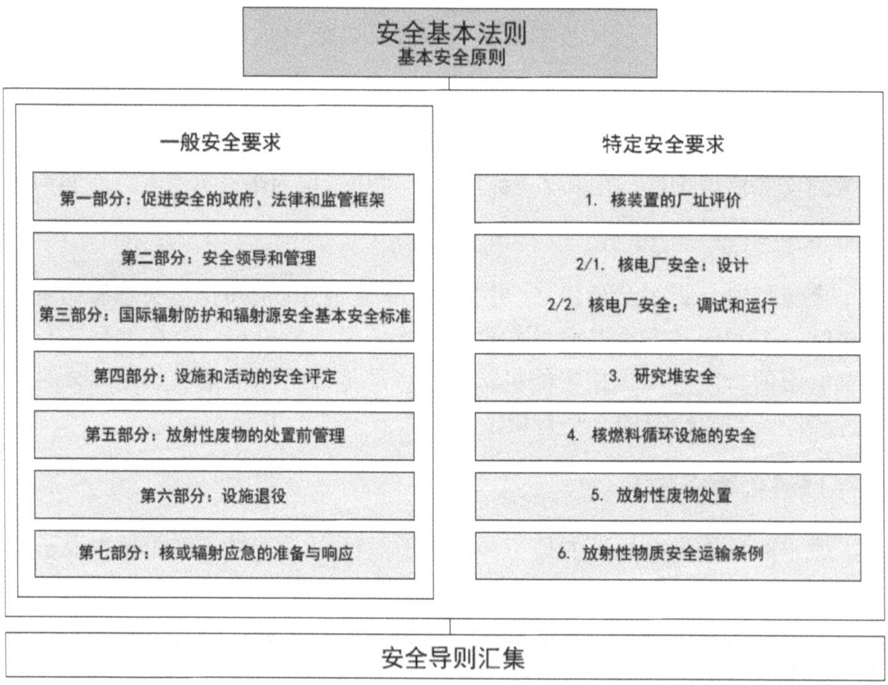

图1. 国际原子能机构《安全标准丛书》的长期结构。

---

[1] 另见以原子能机构《核安保丛书》印发的出版物。

安全基本法则

“安全基本法则”阐述防护和安全的基本安全目标和原则，以及为安全要求提供依据。

安全要求

一套统筹兼顾和协调一致的“安全要求”确定为确保现在和将来保护人类与环境所必须满足的各项要求。这些要求遵循“安全基本法则”提出的目标和原则。如果不能满足这些要求，则必须采取措施以达到或恢复所要求的安全水平。这些要求的格式和类型便于其用于以协调一致的方式制定国家监管框架。这些要求包括带编号的“总体”要求用“必须”来表述。许多要求并不针对某一特定方，暗示的是相关各方负责履行这些要求。

安全导则

“安全导则”就如何遵守安全要求提出建议和指导性意见，并表明需要采取建议的措施（或等效的可替代措施）的国际共识。“安全导则”介绍国际良好实践并且不断反映最佳实践，以帮助用户努力实现高水平安全。“安全导则”中的建议用“应当”来表述。

原子能机构安全标准的适用

原子能机构成员国中安全标准的使用者是监管机构和其他相关国家当局。共同发起组织及设计、建造和运行核设施的许多组织以及涉及利用辐射源和放射源的组织也使用原子能机构安全标准。

原子能机构安全标准在相关情况下适用于为和平目的利用的一切现有和新的设施和活动的整个寿期，并适用于为减轻现有辐射危险而采取的防护行动。各国可以将这些安全标准作为制订有关设施和活动的国家法规的参考。

原子能机构《规约》规定这些安全标准在原子能机构实施本身的工作方面对其有约束力，并且在实施由原子能机构援助的工作方面对国家也具有约束力。

原子能机构安全标准还是原子能机构安全评审服务的依据，原子能机构利用这些标准支持开展能力建设，包括编写教程和开设培训班。

国际公约中载有与原子能机构安全标准中所载相类似的要求，从而使其对缔约国有约束力。由国际公约、行业标准和详细的国家要求作为补充的原子能机构安全标准为保护人类和环境奠定了一致的基础。还会出现一些需要在国家一级加以评定的特殊安全问题。例如，有许多原子能机构安全标准特别是那些涉及规划或设计中的安全问题的标准意在主要适用于新设施和新活动。原子能机构安全标准中所规定的要求在一些按照早期标准建造的现有设施中可能没有得到充分满足。对这类设施如何适用安全标准应由各国自己作出决定。

原子能机构安全标准所依据的科学考虑因素为有关安全的决策提供了客观依据，但决策者还须做出明智的判断，并确定如何才能最好地权衡一项行动或活动所带来的好处与其所产生的相关辐射危险和任何其他不利影响。

原子能机构安全标准的制定过程

编写和审查安全标准的工作涉及原子能机构秘书处及分别负责应急准备和响应（应急准备和响应标准委员会）、核安全（核安全标准委员会）、辐射安全（辐射安全标准委员会）、放射性废物安全（废物安全标准委员会）和放射性物质安全运输（运输安全标准委员会）的五个安全标准分委员会以及一个负责监督原子能机构安全标准计划的安全标准委员会（安全标准委员会）（见图 2）。

原子能机构所有成员国均可指定专家参加安全标准分委员会的工作，并可就标准草案提出意见。安全标准委员会的成员由总干事任命，并包括负责制订国家标准的政府高级官员。

已经为原子能机构安全标准的规划、制订、审查、修订和最终确立过程确定了一套管理系统。该系统阐明了原子能机构的任务；今后适用安全标准、政策和战略的思路以及相应的职责。

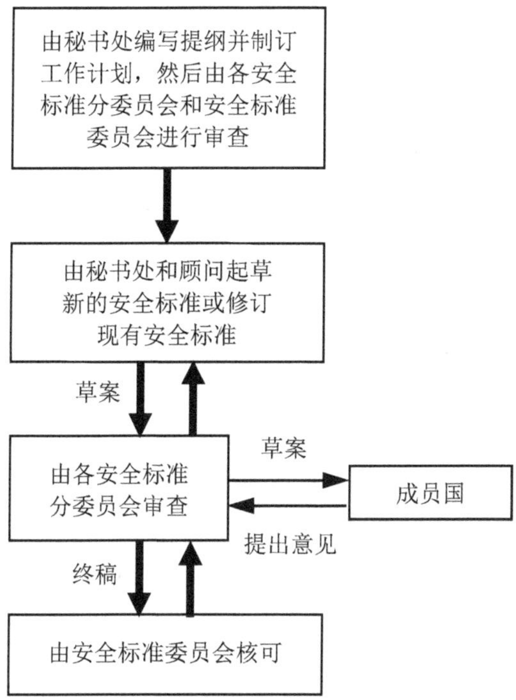

图 2. 制订新安全标准或修订现行标准的过程。

与其他国际组织的合作关系

在制定原子能机构安全标准的过程中考虑了联合国原子辐射效应科学委员会的结论和国际专家机构特别是国际放射防护委员会的建议。一些标准的制定是在联合国系统的其他机构或其他专门机构的合作下进行的，这些机构包括联合国粮食及农业组织、联合国环境规划署、国际劳工组织、经合组织核能机构、泛美卫生组织和世界卫生组织。

文本的解释

安全和核安保相关术语应理解为《国际原子能机构核安全和核安保术语》（见 https://www.iaea.org/resources/publications/iaea-nuclear-safety-and-security-glossary）中的术语。就“安全导则”而言，英文文本系权威性文本。

原子能机构《安全标准丛书》中每一标准的背景和范畴及其目的、范围和结构均在每一出版物第一章“导言”中加以说明。

在正文中没有适当位置的资料（例如对正文起辅助作用或独立于正文的资料；为支持正文中的陈述而列入的资料；或叙述计算方法、程序或限值和条件的资料）以附录或附件的形式列出。

如列有附录，该附录被视为安全标准的一个不可分割的组成部分。附录中所列资料具有与正文相同的地位，而且原子能机构承认其作者身份。正文中如列有附件和脚注，这些附件和脚注则被用来提供实例或补充资料或解释。附件和脚注不是正文不可分割的组成部分。原子能机构发表的附件资料并不一定以作者身份印发；列于其他作者名下的资料可以安全标准附件的形式列出。必要时将摘录和改编附件中所列外来资料，以使其更具通用性。

目 录

1. 导言 1

背景（1.1-1.6）......1
目的（1.7, 1.8）......2
范围（1.9-1.13）......2
结构（1.14）......3

2. 研究堆的调试管理系统的应用（2.1-2.13）......3

研究堆的调试管理责任（2.14）......6
研究堆的调试资源管理（2.15-2.18）......6
研究堆的调试过程实施（2.19-2.24）......7
研究堆的调试管理系统的测量、评定和改进（2.25-2.31）......7

3. 研究堆调试计划 8

研究堆调试计划的一般目标（3.1-3.14）......8
描述研究堆调试计划的文件格式和内容（3.15-3.25）......10

4. 研究堆调试组织（4.1-4.8）......12

研究堆调试组织中的角色（4.9-4.21）......14
监管机构的作用（4.22）......15
研究堆调试机构中的职责（4.23-4.35）......16
监管机构的参与（4.36-4.38）......19
研究堆的调试中参与小组活动之间的接口（4.39-4.43）......20
研究堆从调试到运行的交接（4.44-4.47）......21
研究堆应急准备（4.48-4.51）......22

5. 研究堆调试阶段（5.1-5.8）......22

研究堆调试的阶段、试验和先决条件（5.9-5.40）......23

6. 研究堆调试程序和报告 28

研究堆调试程序（6.1-6.7）......28
研究堆调试报告（6.8-6.13）......30

7. 研究堆调试文件（7.1-7.3）......31

研究堆的调试记录保存（7.4-7.6）......31
研究堆安全分析报告更新（7.7）......32

8. 新实验设备、实验和改造的调试 (8.1-8.6) **32**

研究堆的新实验设备、实验和改造的调试期延长 (8.7)........................ 33

附录 研究堆的每个调试阶段先决条件和试验 **35**

参考文献 **49**

参与起草和审订人员 **51**

1. 导言

背景

1.1. 原子能机构《安全标准丛书》第 SSR-3 号《研究堆的安全》[1]规定了研究堆的安全要求，特别强调其设计和运行。

1.2. 本“安全导则”提供了关于研究堆调试的建议，包括反应堆改造和实验的调试以及反应堆本身的调试。

1.3. 本“安全导则”是与其他七份关于研究堆安全的安全导则同时编写的，内容如下：

(a) 原子能机构《安全标准丛书》第 SSG-81 号《研究堆的维护、定期试验和视察》[2]；
(b) 原子能机构《安全标准丛书》第 SSG-82 号《研究堆堆芯管理和燃料装卸》[3]；
(c) 原子能机构《安全标准丛书》第 SSG-83 号《研究堆运行限值和条件及运行程序》[4]；
(d) 原子能机构《安全标准丛书》第 SSG-84 号《研究堆营运组织和人员招聘、培训与资格》[5]；
(e) 原子能机构《安全标准丛书》第 SSG-85 号《研究堆设计和运行中的辐射防护和放射性废物管理》[6]；
(f) 原子能机构《安全标准丛书》第 SSG-10（Rev.1）号《研究堆老化管理》[7]；
(g) 原子能机构《安全标准丛书》第 SSG-37（Rev.1）号《研究堆安全重要仪器仪表和控制系统及软件》[8]。

1.4. 关于研究堆安全的其他建议见原子能机构《安全标准丛书》第 SSG-20（Rev.1）号《研究堆安全评定和安全分析报告的编写》[9]和第 SSG-24（Rev.1）号《研究堆的利用和改造安全》[10]。

1.5. 本“安全导则”使用的术语应当按照原子能机构《核安全和安保术语》[11]定义和解释来理解。

1.6. 本“安全导则”替代原子能机构《安全标准丛书》第 NS-G-4.1 号《研究堆的调试》[1]。

目的

1.7. 本“安全导则”的目的是提供关于研究堆调试的建议，以满足 SSR-3[1]规定的相关要求，特别是要求 30 和 73。

1.8. 本“安全导则”提供的建议是针对研究堆的营运组织、监管机构和参与研究堆项目的其他组织。

范围

1.9. 本“安全导则”主要用于额定功率高达几十兆瓦的非均匀热中子研究堆。对于更高功率的研究堆、专用反应堆（如快中子反应堆）和带有特殊设施的研究堆（如热或冷中子源、高压和高温回路），可能需要另外的要求。对于这种研究堆，原子能机构《安全标准丛书》第 SSG-28 号《核电厂调试》[12]提供的建议可能更合适。均相反应堆和加速器驱动系统不在本出版物的范围内。

1.10. 一些较低潜在危害的研究堆、临界组件和次临界组件可能调试计划适宜采用详尽程度低于本“安全导则”要求的调试计划。而本“安全导则”的某些要求也可能不适用于这类研究堆、临界组件和次临界组件（见 SSR-3[1]要求 12 和第 2.15－2.17 段，以及原子能机构《安全标准丛书》第 SSG-22（Rev.1）号《分级方法在适用研究堆安全要求中的使用》[13]）。

1.11. 在本“安全导则”，只有当特定建议与次临界组件无关或仅适用于次临界组件时，才会单独提及次临界组件。

1.12. 本“安全导则”主要用于新设计和建造的研究堆调试，也适用于研究堆的再调试（例如，在长期关闭后）以及新实验设备和反应堆改造的调试。

---

[1] 国际原子能机构，国际原子能机构《安全标准丛书》第 NS-G-4.1 号《研究堆的调试》，国际原子能机构，维也纳（2006 年）。

1.13. 另外的要求可能对某些改造有用，特别是 SSG 37（Rev.1）[8]提供了关于新数字系统调试的建议。

结构

1.14. 第 2 部分和第 3 部分分别提供了关于调试管理系统和调试计划的建议；第 3 部分包括调试过程的一般建议，特别是调试计划的准备和评审；第 4 部分提供了关于调试组织和调试管理的建议，并确定了相关组织和小组的责任和职能，包括小组之间的接口和移交活动；第 5 部分描述了调试计划不同阶段的一般考虑因素、试验和先决条件；在描述每个阶段的试验和先决条件时请参考附录；第 6 部分包括调试程序的准备以及调试结果和结论的报告；第 7 部分提供了关于保存调试记录和更新安全文件以考虑调试结果的建议；第 8 部分涉及新实验设备的调试、实验和反应堆改造。附录提供了研究堆调试计划中通常包括的先决条件和试验的综合清单。

2. 研究堆的调试管理系统的应用

2.1. 营运组织需要为研究堆项目开发一个整合安全、健康、环境、安保、质量、人力和组织因素、社会和经济因素的管理系统（见 SSR-3[1]要求 4）。管理系统的文件应当描述控制研究堆所有活动的计划和实施的系统，包括调试过程的开发和实施。管理系统（或其部分）可能需要监管机构的批准（见 SSR-3[1]第 4.12 段）。

2.2. 根据 SSR-3[1]第 4.13－4.20 段，管理系统需要涵盖以下四个职能类别：

(a) 管理责任：包括提供实现组织目标所需的手段和管理支持（见本“安全导则”第 2.14 段）；

(b) 资源管理：包括确保确定和提供对实施策略和实现组织目标至关重要的资源所需的措施（见本“安全导则”第 2.15－2.18 段）；

(c) 过程实施：包括实现组织目标所需的行动和任务（见本“安全导则”第 2.19－2.24 段）；

(d) 管理系统的测量、评定和改进：包括为评价管理流程和工作绩效的有效性而开展的活动（见本“安全导则”第 2.25－2.31 段）。

原子能机构《安全标准丛书》第 GSR Part 2 号《安全的领导和管理》[14]确立了管理系统的一般要求。原子能机构《安全标准丛书》第 GS-G-3.5 号《核装置管理系统》[15]提供了特定建议。

2.3. 作为管理系统的一部分，研究堆调试的管理安排应当由营运组织在调试计划的早期制定和实施。这些安排应当适用于安全重要所有物项、服务和流程的调试，并应当包括对调试活动建立控制的手段。这应当提供信心，即按照 SSR-3[1] 第 4.16 段所要求的既定守则、标准、规范、程序和行政控制进行调试。

2.4. 在建立管理系统时，需要根据每个物项或流程安全的相对重要性采用分级方法（见 SSR-3[1]第 4.7 段）。

2.5. 应用于调试的管理系统的目标应当是确保设施满足以下要求：

(a) 监管要求；
(b) 设计要求和假设；
(c) 安全分析报告（参见 SSR-3[1]要求 1）；
(d) 研究堆的运行限值和条件（OLCs）（见 SSR-3[1]要求 71）；
(e) 与研究堆管理相关的行政要求。

2.6. 管理系统需要支持建立、实施和加强强有力的安全文化（见 GSR Part 2[14]第 1.5 (b) 段和第 4.9 段）。这种安全文化应用于调试计划的所有方面。

2.7. 管理系统应当描述如何管理、执行、记录和评定调试工作。管理系统的文件要求包括组织机构、职能责任、权力级别以及管理、执行和评定工作充分性的人员的接口（见 GSR Part 2 [14]第 4.16 段）。管理系统还应当处理调试活动的计划和时间安排、资源分配（见 GSR Part 2 [14]要求 9 和 SSR-3[1]第 4.15 段）和人为因素。

2.8. 管理系统在调试中的应用应当在调试计划中描述，并在程序和说明中记录。这些程序和说明应当记录调试活动以及特定调试活动的执行和核实。要求将管理系统的相关要求传达给调试组织中的人员（见 GSR Part 2 [14]第 4.26 段）。

2.9. GSR Part 2 [14]要求 11 规定：**“组织必须与销售商、承包商和供应商达成协议，规定、监控和管理可能影响安全的物项、产品和服务的供应。”**应当采用控制方法，以确保采购的物项和服务符合管理系统的相关要求，并按规定执行。这可能涉及为要采购的物项制定规范，对供应商和供应商进行评价，以及视察或试验。

2.10. 调试活动应当按照管理系统中记录的程序和说明进行和记录。

2.11. 调试计划应当包括以下内容：

(a) 计划和优先考虑工作；
(b) 满足监管要求；
(c) 确保遵守运行限值和条件；
(d) 确保有足够的具备适当技能的合格人员；
(e) 实施适当的程序和指示，包括评定和纠正不符合项的程序和指示；
(f) 确保专用仪器仪表和设备的供应；
(g) 确保令人满意的工作环境，包括工作场所的适当准备和对工作人员的适当保护；
(h) 执行并记录必要的视察和试验。

2.12. 要求控制对调试活动的执行和核实至关重要的文件（如程序、规范、图纸）（参见 GSR Part 2 [14]要求 8）。特别是应当为此类文件的编写、识别、评审、验证、核准、发布、分发、修订和存档制定措施。这些措施应当适用于以下方面：

(a) 设计文件，以及任何变更和修订；
(b) 调试程序、说明和图纸，以及任何变更和修订；
(c) 设备控制和维护文件；
(d) 与测量和实验设备的校准和控制相关的文件；
(e) 调试记录和结果；
(f) 对调试活动的执行和核实至关重要的其他记录。

2.13. 应当建立管理不符合项的方法（见 SSR-3[1]第 7.48 段）并实施纠正措施和变更。应当查明不符合其规定性能要求的物项、服务和流程，包括需要更改设计的物项、服务和流程，并向适当级别的管理层报告，并应当根据批准特许权、纠正行动和预防行动的安排进行纠正（另见 SSR-3[1]第 7.76 段）。为确保改善，需要对此类不符合项进行评价，并采取措施防止其再次发生（见 GSR Part 2 [14]第 6.3 段）。

研究堆的调试管理责任

2.14. 根据 SSR-3[1]要求 2，营运组织（许可证持有人）对调试期间研究堆的安全负有主要责任。在委托活动被分配给另一个组织的情况下，执行这些活动的组织应当对营运组织负责。反应堆管理人员 [2] 应当通过以下方式参与调试计划：

(a) 与参与调试的组织和团体保持频繁联系，包括监督正在进行的工作；
(b) 建立并实施一套调试绩效指标；
(c) 参与调试计划的评价；
(d) 提供来自调试性能指标的反馈，用于研究堆的运行。

研究堆的调试资源管理

2.15. 根据 SSR-3[1]第 7.28 段要求确定执行调试工作人员的能力要求。需要提供适当的培训（见 SSR-3[1]第 7.28 段和第 7.29 段），以确保人员有能力完成分配给他们的工作。

2.16. 执行调试活动的外部人员（如卖方和供应商雇用的人员）应当经过适当的培训并具备资格。此类人员应当能够证明其熟练程度或足够的先前资格、培训和经验。SSR-3[1]第 4.15 (b) 段指出："管理系统必须确保：……外部人员（包括供应商和实验人员）经过充分培训并具备资格，并且在与反应堆人员相同的控制和标准下开展活动"。研究堆主管应当在工作准备、工作和试验期间评审这些人员的工作。

2.17. 应当根据规定的标准评价和选择卖主和供应商。SSR-3[1]第 4.15 (a) 段指出：

> "管理系统必须确保：……安全重要结构、系统和部件的供应商、制造商和设计人员有一个有效的综合管理系统，并通过监查来确认其有效性"。

应当与卖方和供应商作出安排，以确保向监管机构提供其要求的任何信息。

---

[2] 反应堆管理人员由营运组织的成员组成，他们被赋予指导研究堆运行的责任和权力。

2.18. SSR-3[1]第 4.15 (c) 段指出：“管理系统必须确保：……以安全方式开展工作所需的设备、工具、材料、硬件和软件得到识别、提供、检查、核实和维护。”设备应当适合其预期用途。用于监控、数据收集、视察和试验的设备应当具有有效的校准证书，并应当适当记录。

研究堆的调试过程实施

2.19. 应当计划、控制和管理参与调试的不同组之间的活动和接口，以确保有效的沟通和明确的责任分配。

2.20. 营运组织应当指定一名人员负责制定和记录调试计划，监控计划的执行情况，确保运行人员胜任，并评价计划安全的影响。此人通常是反应堆经理（见 SSR-3[1]第 7.13－7.19 段）。

2.21. 根据 SSR-3[1]第 4.16 段要求按照既定的工程守则、标准、规范、程序和行政控制进行调试。

2.22. 视察、试验、核实和确认活动应当在结构、系统和部件实施或实际使用之前完成。

2.23. 应当对结构、系统和部件进行适当的监控和测量，以提供符合设计要求和令人满意的使用性能的证据。

2.24. SSR-3[1]第 4.19 段指出：“必须根据规定的标准评价和选择供应商。”此类标准应当在营运组织的采购流程中制定和记录。

研究堆的调试管理系统的测量、评定和改进

2.25. SSR-3[1]第 4.20 段指出：

> “必须通过独立评定和自评定定期测量和评定管理系统的有效性。必须识别和纠正流程中的弱点。营运组织必须评价这种评定的结果，并必须确定和采取必要的行动，以持续改进。”

2.26. 应当采用适当的方法来监控调试计划的有效性。这些方法应当考虑到研究堆运行和计划利用期间预计运行工况。

2.27. SSR-3[1]第 7.54 段指出：

> “调试计划必须包括监查、评审和核实的规定和程序，以确保计划按计划进行，并充分实现其目标。还必须包括解决调试试验中发现的任何偏差或缺陷的规定。”

2.28. 应当设立一个组织单位，对调试计划进行独立评定。该组织单位可以是 SSR-3[1]第 7.26 段和第 7.27 段以及本“安全导则”第 4.18 段所述的反应堆安全委员会。GSR Part 2[14]对独立评定和自评定的管理提出了进一步的要求，GS-G-3.5[15]提供了进一步的建议。

2.29. 应当建立独立评定措施，包括评审和核实，以确保调试活动按照适当程序中的规定进行。这些措施可包括：

(a) 调试程序的评审；
(b) 通过视察、见证和监视的方式核实调试活动；
(c) 维护、维修或改造后的功能试验；
(d) 评审和核实调试记录、结果和报告，包括调试状态、不符合项控制和纠正措施。

2.30. 合格人员应当执行调试活动的核实，这些人员不应当对正在核实的调试活动直接负责。

2.31. 第 2.27 段提到的监查。在调试过程中应当确定管理系统各方面的充分性、有效性和遵守情况。在监查中，应当特别注意参与建造、安装、调试和运行的不同组之间的接口和责任转移。

3. 研究堆调试计划

研究堆调试计划的一般目标

3.1. SSR-3[1]要求 30 规定：

> **“研究堆设施的设计必须包括必要的功能，以促进反应堆设施（包括实验设备）的调试过程。这些设计特点可以包括与具有不同特点的瞬态堆芯一起运行的规定。”**

3.2.　SSR-3[1]要求 73 规定：“**研究堆设施的营运组织必须确保研究堆的调试计划得到建立和实施。**”

3.3.　调试计划应当证明已满足安全分析报告中所述的设计要求和意图。

3.4.　为了满足 SSR-3[1]要求 30，调试计划的制定应当在设计阶段开始，以允许设计人员和调试计划人员之间的互动。

3.5.　在反应堆改造或安装安全重要新实验设备时，通常需要额外的调试计划。SSG-24（Rev.1）[10]和本“安全导则”第 8 部分提供了进一步的建议。

3.6.　SSR-3[1]第 7.49 段指出：“详细的调试计划必须提交给安全委员会和监管机构，并在实施前接受适当的评审和评定。”反应堆安全委员会和监管机构应当采用分级方法来确定评审和评定的适当水平。

3.7.　应当建立必要的组织安排，以实现调试计划的目标（见 SSR-3[1]第 7.51 段）。这些安排应当为促进和实际的工作安排提供基础，使现有人员、设备和方法得到最佳利用。本“安全导则”第 4 部分提供了进一步的建议。

3.8.　根据 SSR-3[1]第 7.47 段，要求在调试计划中考虑研究堆的所有预计运行模式，包括计划的堆芯布置和实验设备。计划的堆芯布置和实验限值应当包括在调试期间安全运行限值和条件中，并应当在调试过程中得到核实。

3.9.　SSR-3[1]第 7.50 段指出：“在反应堆调试期间，必须充分考虑实验设备及其对反应堆运行的潜在影响。”一些实验设备可能与反应堆系统同时进行调试。此类设备的调试应当纳入反应堆调试计划。或者，实验设备可以在反应堆调试完成后进行调试，条件是它们在使用前要经过适当的特定调试程序。本“安全导则”第 8 部分和 SSG-24（Rev.1）[10]提供了进一步的建议。

3.10.　其他类似设施的调试和运行经验信息应用于制定调试计划（另见 SSR-3[1]要求 88 和第 6.23 段）。

3.11.　根据 SSR-3[1] 第 7.47 段要求调试计划包括一项根据结构、系统和部件安全的重要性对其进行试验的计划。附录载有关于必要试验的建议。虽然这一要求允许在这种试验中应用分级方法，但即使是较低安全重要性的结构、系统和部件也应当进行试验，目的是展示功能性和安全性。试验应当按功能组和逻辑顺序安排，并应当按照包括验收标准的书面程序进行。根据 SSR-3[1]第 7.52 段规定，调试计划需要分为几个阶段。

3.12. 应当在整个调试计划中建立用于评审或视察的待检点或见证点，以确保试验结果已经评价，下一阶段的所有先决条件已经完成，设计要求和监管机构的要求已经满足。

3.13. 应当制定辐射防护程序、应急准备和响应程序、核安保程序（包括实物安保和计算机安保）以及处理调试所需核材料的程序，并在调试计划中加以参考。应当核实这些程序在常规运行中的适用性。

3.14. SSR-3[1]要求 90 规定：

> **"研究堆设施的安全与安保之间的关系必须在反应堆的整个寿命期间以综合方式加以处理。安全措施和安保措施的制定和实施必须确保它们互不损害。"**

调试计划应当包括确保安全重要结构、系统和部件调试活动不受影响的措施实物保护系统的功能，反之亦然。调试期间需要采取措施，防止无意或故意引入弱点、设备或任何其他可能导致安保漏洞（包括计算机安保漏洞）或放射性排放的威胁（见 SSR-3[1]第 9.7 段）。

描述研究堆调试计划的文件格式和内容

3.15. 调试计划应当以这样一种方式记录，即能够理解试验的目标和方法，以便于评审和实施，并允许管理控制和协调。描述研究堆调试计划的文件应当包括以下内容：

(a) 调试计划的概述；
(b) 组织和职责；
(c) 调试阶段，包括试验和先决条件和进度表；
(d) 调试程序和报告；
(e) 调试程序生成的文件；
(f) 管理系统中处理不符合项的核实、评审、监查和处理的部分（见第 2.26－2.31 段）。

调试程序概述

3.16. 一般描述应当全面描述调试计划每个阶段的目标、要求、主要试验和程序以及预期结果。

组织和职责

3.17. 描述调试计划的文件应当描述负责调试的组织，并应当包括组织机构图。应当明确说明所涉及的组织或团体以及关键个人职位（如管理组（见第 4.10－4.14 段）和调试组（见第 4.16 段）的负责人）的职能和职责。第 4 部分提供了进一步的建议。

调试阶段，包括试验和先决条件以及它们的时间安排

3.18. 描述调试计划的文件应当描述调试的主要阶段。如 SSR-3[1]第 7.52 段所述，这些阶段通常按以下顺序排列：

(a) A 阶段：装料前的试验；
(b) B 阶段：装料、初始临界试验和低功率试验；
(c) C 阶段：功率提升试验和满功率的功率试验。

如果已经核实了足够的次临界，初始临界试验、低功率试验和 C 阶段试验不适用于次临界组件。C 阶段可能不适用于功率水平为零或仅为几瓦的某些类型的关键设备。第 5 部分提供了关于调试阶段的进一步建议。

3.19. 描述调试程序的文件应当描述主要的调试试验，这些试验旨在证明在所有研究堆系统和部件的设计规范范围内的安全运行。该描述应当包括开始试验的先决条件，如系统设置（如警报水平设置点）或完成先前试验的证据。在制定调试计划时，应当考虑各种系统的相互依赖性。

3.20. 描述调试程序的文件应当描述执行主要试验的时间表。该时间表应当包括以下内容：

(a) 单一结构、系统和部件的试验顺序；
(b) 酌情为详细制定程序、评审、对技术人员进行特别培训、进行试验、编写文件和报告结果而安排的时间；
(c) 适用的监管要求，如监管机构人员见证试验和视察；
(d) 评价结果的计划，以及必要时修订安全分析报告的计划。

3.21. 描述调试程序的文件应当描述在研究堆寿命期间可能发生的控制和过程系统及设备故障影响的模拟（例如电力供应的丧失）。这些模拟应当仅在切实可行且不会危及反应堆安全的范围内纳入调试计划。

调试程序和报告

3.22. 根据 SSR-3[1]第 7.55 段，调试计划应当包括对调试程序的编写、评审和批准的规定。调试试验的程序清单也应当包括在内或应当适当参考。本"安全导则"第 6 部分提供了进一步的建议。

3.23. 调试计划应当包括以下规定：(a) 在特定阶段或子阶段之后编写总结报告，在随后阶段开始之前，这些阶段或子阶段需要评审和批准；(b) 在调试试验结束时编写全面的调试报告。第 6 部分提供了进一步的建议。

调试程序生成的文件

3.24. 描述调试计划的文件应当包括调试记录的记录和存档规定（见 SSR-3[1]第 7.55 段），以及任何设计变更或让步的记录。本"安全导则"第 7 部分提供了进一步的建议。

3.25. 安全文件作为调试计划的一部分，包括安全分析报告和研究堆的其他文件，应当根据调试计划的结果进行必要的修订。

4. 研究堆调试组织

4.1. 研究堆营运组织应当设立调试机构。营运组织应当具体说明调试组织的以下方面：

(a) 组织机构；
(b) 职责和沟通渠道；
(c) 授权等级；
(d) 审批流程；
(e) 参与组之间的接口。

4.2. 调试期间进行的主要活动可分为以下三类：

(a) 与设施建造和安装最后阶段相关的活动；

(b) 满足调试特殊需求的活动，包括安全评审；

(c) 与设施运行相关的活动。

在调试过程中，与建造、调试和运行相关的活动将相互影响。因此，营运组织在建立调试组织时应当考虑所有这些活动。

4.3. 典型调试组织的机构包括：

(a) 管理组；

(b) 建造组；

(c) 调试组；

(d) 运行组；

(e) 其他必要的小组（如反应堆安全委员会）。

这些小组的作用见第 4.10－4.21 段。当多个组织参与这一机构时，应当明确确定每个小组的职责，并应当确定它们之间的接口。监管机构虽然不是为调试而建立的组织机构的一部分，但也将在调试计划的所有阶段通过评审、评定、视察和授权参与调试。

4.4. 第 4.3 段所述的小组有许多方式，可以由不同的组织组成。小组的组成除了受到设施的实际规模和设计的影响外，还可能取决于履行专门职能的人员的可用性和经验。如果营运组织决定将这些活动中的任何一项承包给另一个组织，安全责任仍由营运组织承担。

4.5. 在研究堆中，不同小组的人员交叉是很常见的。在这种情况下，应当分配责任，以便将试验和其他功能的执行及其核实适当分开。

4.6. 其他人员可以参与调试活动，如设计人员、制造单位和质量保证组织的代表。它们应当与第 4.3 段所述的小组合作。尤其是设计人员和制造单位应当提供必要的信息，使每个小组能够履行其职能。

4.7. 应当尽早建立调试组织和为确保调试活动的适当协调而做出的安排，以便识别所有此类活动并有足够的准备时间。

4.8. 如果运行人员还不是调试组的成员，调试组应当规定未来的运行人员参与调试过程，以便他们在调试期间了解研究堆。其目的应当是让运行人员获得实际经验，并开发设施的“机构记忆”。这也将有助于在调试过程完成后顺利将设施移交给运行人员。

研究堆调试组织中的角色

营运组织

4.9. 营运组织可以选择作为管理组直接管理调试。或者，营运组织可以指定一个单独的管理组，负责监督所有调试活动，并控制和协调参与调试的其他组的活动。

管理组

4.10. 管理组的作用可由一个委员会履行，该委员会由在与研究堆相关的学科中具有经验的高级人员组成。反应堆经理可以属于管理组。

4.11. 如果任命了调试负责人，该负责人的权限和责任应当由管理组确定。

4.12. 管理组应当包括反应堆物理、辐射防护、反应堆运行和核安全方面的专门知识，并应当在需要时能够接触到适当的专家。

4.13. 管理组应当拥有执行与调试计划相关所有活动的权力。

4.14. 如果对反应堆安全负有直接责任的反应堆经理不同意管理组的决定，该分歧应当由营运组织解决。如果监管机构认为安全受到损害，它可以进行干预。

建造组

4.15. 建造组是指由营运组织委派负责建造研究堆的人员小组。这些人员可能直接受雇于营运组织，也可能不直接受雇于营运组织，营运组织对他们的行为负有全面责任。建造组可由研究堆的设计人员、制造单位、销售人员、供应商、安装者和建造者组成。建造组应当确保安装已按照规范建造，并应当对调试计划中发现的任何缺陷和改造。

调试组

4.16. 调试组是营运组织委托负责调试的人员组。这些人员可能直接受雇于营运组织，也可能不直接受雇于营运组织，营运组织对他们的行为负有全面责任。调试组应当由具有与待调试的结构、系统和部件相关的背景和经验的人员组成。调试组应当确保结构、系统和部件经过试验，以保证研究堆已按照设计意图完成，单一系统的运行符合设计要求，设施已准备好安全运行。

运行组

4.17. 运行组是营运组织授权负责运行反应堆的人员组。运行组可包括其他组织（如反应堆供应商）的雇员，以及营运组织的雇员。在任何情况下，营运组织都要对运行组的行动承担全部责任。运行组应当由负责研究堆运行的人员组成。在调试计划中，运行组应当确保设施的运行符合本计划的假设和意图。如有必要，运行组有足够的成员获得核安全监管部门授权在装料期间和其后执行指定任务（如反应堆运行）的资格，应当成为调试计划的一部分。

反应堆安全委员会

4.18. SSR-3[1]要求 6 规定：**“必须建立一个独立于反应堆经理的安全委员会（或咨询组），就研究堆的所有安全方面向营运组织提供建议。”**

4.19. SSR-3[1]第 4.27 段进一步指出：

> “安全委员会（或咨询组）必须就下列事项向营运组织提出建议：(i) 设计、调试和运行问题的安全评定；以及 (ii) 反应堆安全及其使用安全的相关方面。”

4.20. 反应堆安全委员会在调试中的职责应当在调试计划中说明，并应当包括本“安全导则”第 4.34 段所述的职责。

其他组

4.21. 必要时，也可成立其他组，如质量管理、辐射防护和设计组，参与调试。

监管机构的作用

4.22. 法律框架和国家法规规定了监管机构在研究堆调试过程中的作用。监管机构在调试过程（包括调试准备）的主要作用是监督调试活动，包括在适当的情况下发布相关授权，如 SSR-3[1]第 3 部分所述。这种监管监督的目的应当是确保研究堆的建造符合设计意图及其许可基础，并且营运组织已经为从建造到运行的进展做出了必要的安排。

研究堆调试机构中的职责

营运组织

4.23. SSR-3[1]要求 67 规定：**“研究堆设施的营运组织必须对该设施运行的安全负主要责任。”**

4.24. 营运组织全面负责监督所有调试活动的圆满完成，并对调试期间的安全负有最终责任。如第 2 部分所述，营运组织还应当负责建立调试组织，并确保建立调试管理安排。

4.25. SSR-3[1]第 7.3 段指出：“营运组织对研究堆安全的责任不得委托。”营运组织可以委托计划、建立和实施调试计划的部分或全部活动，但仍对其有效性负责。

4.26. 关于委托机构，作为许可证持有人，营运组织应当是与监管机构就委托事项进行联系的唯一机构。SSR-3[1]第 7.51 段指出：

> “在整个调试过程中，监管机构和营运组织之间必须保持密切联系。特别是，安全有直接影响的试验结果和分析必须酌情提供给安全委员会和监管机构评审和批准。”

4.27. 营运组织应当在调试阶段安排向监管机构提交所需的材料，并应当将监管机构关于监管要求的信息传递给调试组织的相关部门。

4.28. 如果在调试过程中发现具有重大安全意义的问题（例如，在监管机构对营运组织提交材料的评审和评定中，或由于在调试过程中发现的偏差），营运组织应当确保进行安全分析，并应用与反应堆本身相同的设计、建造和调试程序。在令人满意的安全评定后，调试活动的恢复应当得到营运组织的批准，如有必要，还应当得到监管机构的批准。

4.29. 如果营运组织选择作为管理组并直接管理调试，它应当承担第 4.30 段规定的额外责任。或者，营运组织可以选择任命一个单独的管理组。

管理组

4.30. 管理组的职责应当包括以下内容：

(a) 确保与调试计划相关的管理系统的实施；

(b) 审核及批准调试计划；

(c) 确保调试程序由具有适当技术背景的人员和合适的委员会准备、评审和批准；

(d) 规定参与调试计划组的权限和责任；

(e) 建立沟通渠道；

(f) 确定人员的资格和培训需求；

(g) 定期评审调试计划；

(h) 确保设计人员参与制定调试试验目标和验收标准；

(i) 控制、评审和协调涉及一个以上小组参与的活动，并解决参与小组之间的任何问题；

(j) 监控调试计划的执行情况；

(k) 确保有足够的、经过适当培训的、有经验的、合格的、必要时有授权的人员来执行调试活动；

(l) 确保采取适当措施纠正调试期间发现的任何缺陷；

(m) 在其他相关团队的参与和支持下，准备全面的调试报告。

建造组

4.31. 建造组的职责应当包括：

(a) 确保结构、系统和部件的安装已按照设计要求和规范完成，并在将结构、系统和部件的责任移交给调试组之前，对结构、系统和部件进行维护以防止损坏；

(b) 提供竣工安装的文件，并提供试验证书，强调建造阶段批准的设计变更和偏差，供后续用作原始数据；

(c) 使用记录系统将安装系统的责任移交给调试组；

(d) 协助管理组制定调试试验目标和验收标准，评价试验结果，纠正偏差，必要时修改文件。

调试组

4.32. 调试组的职责应当包括以下内容：

(a) 调试计划，包括详细的调试试验，并准备时间表和程序，包括调试活动的顺序、试验的先决条件、评审点以及人力资源和设备需求；
(b) 确保从事调试活动的人员符合其工作安全的责任和重要性水平；
(c) 必要时，为从事调试活动的人员提供培训；
(d) 与适当的小组互动，建立调试试验目标和验收标准；
(e) 建立系统记录设施数据以备将来使用的程序和更新这些数据的程序；
(f) 建立配置控制程序，以管理设施的改造（有意和无意）；
(g) 建立和实施程序，以确保结构、系统和部件的责任从建造组有序转移到调试组，包括确定部分安装的系统或试验期间发现有缺陷的系统所需的任何特殊预防措施；
(h) 执行必要的维护，以防止结构、系统和部件退化，其责任已从建造组转移到调试组；
(i) 根据调试期间的经验和设计修改的结果，更新调试计划；
(j) 确保满足调试试验的先决条件，并确认书面程序是充分的，并经过评审和批准过程；
(k) 确保调试程序符合监管要求，包括防护和安全要求；
(l) 进行调试试验，包括对部分安装时最初调试的系统进行重复试验；
(m) 向营运组织报告调试中发现的任何缺陷，以便采取纠正措施；
(n) 确保在不符合设计标准时，要求、评审和实施设计变更；
(o) 证明调试计划已圆满完成；
(p) 签发报告、证书和完工保证文件，并保存必要的记录，直到记录和责任转移为止；
(q) 使用记录系统将委托结构、系统和部件的责任转移给运行组；
(r) 确认在日常运行中使用的书面运行程序是充分的；
(s) 撤回调试中使用的不适合正常运行的程序和设备；
(t) 通过在调试活动中尽可能利用运行人员，确保为运行人员提供获得经验的机会；
(u) 在调试活动期间，保持设施适当的清洁。

运行组

4.33. 运行组与调试相关的职责应当包括以下内容：

(a) 参与调试活动，获得设施运行和维护方面的实践培训和经验；

(b) 确保移交给运行组的系统符合设计、性能和安全要求，并承担移交系统的责任；

(c) 在调试期间，根据批准的运行、维护和监视程序运行和维护反应堆；

(d) 更新和验证这些程序和其他运行文件，包括安全分析报告和运行限值和条件。

反应堆安全委员会

4.34. SSR-3[1]第 7.49 段指出："详细的调试计划必须提交给安全委员会……并在实施前接受适当的评审和评定。"

其他组

4.35. 可能参与调试过程的任何其他组（如设计人员、制造单位和技术支持组织）的职责应当由管理组确定，并记录在管理系统中。

监管机构的参与

4.36. 根据 SSR-3[1]第 7.49 段，详细的调试计划必须在实施前提交监管机构进行评审和评定。在评审调试计划时，监管机构应当核实其评审和批准试验结果以及见证试验的要求（见本"安全导则"第 3.20(c) 段）已被理解并正确实施。调试的开始应当经监管机构在对调试计划进行满意评定后。在某些情况下，这种批准可以在调试过程中逐步授予。

4.37. 在批准将燃料装入研究堆之前，监管机构需要完成以下评审和评定：

(a) 安全分析报告（见 SSR-3[1]第 3.9－3.11 段）；

(b) 运行限值和条件（见 SSR-3[1]第 7.33 段），包括用于研究堆调试的特定运行限值和条件；

(c) 管理系统（见 SSR-3[1]第 4.12 段）；

(d) 燃料装卸的安排；

(e) 现场应急准备和响应的应急计划和程序，以及酌情与场外响应组织协调的安排（见 SSR-3[1]第 7.90 段）；

(f) 监管机构要求的其他文件。

监管机构还应当确保营运组织根据 SSR-3[1]第 7.28 段明确规定了执行安全相关活动（如反应堆运行）人员的资格和能力要求。此外，监管机构应当确保在燃料装卸开始前已颁发适当的授权（针对设施，并在适当情况下针对某些运行位置）。

4.38. 在批准研究堆的日常运行之前，监管机构应当完成对调试计划结果和更新的安全分析报告（包括运行限值和条件）的评审和评定。

研究堆的调试中参与小组活动之间的接口

4.39. 由于许多活动在研究堆调试期间并行进行，这些活动之间的接口应当由营运组织（或由代表营运组织的管理组）管理，以确保人员和设施的安全，并确保调试计划的有效和高效实施。

4.40. 应当建立适当的工作控制流程，以协调参与调试计划所有小组的活动。

4.41. 根据 SSR-3[1]第 9.3 段要求营运组织在调试期间制定适当的措施，以确保所涉及的不同团体之间的有效沟通和协调，从而确保安全措施和安保措施不会相互损害。

建造组活动和调试组活动之间的接口

4.42. 第 4.31 段描述了建造组与调试计划相关的职责。这些责任应当在调试开始前确定，以防止误解。建造组和调试组可能有接口的特定专题如下：

(a) 部分安装系统调试所需的特殊预防措施；

(b) 系统返回建造组纠正调试试验中发现的缺陷；

(c) 在建造组干预后对设备进行重新试验；

(d) 系统首次通电前由建造组认证；

(e) 研究堆从建造到调试的移交。

调试组活动和运行组活动之间的接口

4.43. 在管理调试组和运行组之间的接口时，应当考虑以下专题：

(a) 从调试中获得的原始数据；
(b) 现有的放射性条件；
(c) 安全责任的变更，包括负责人的提名；
(d) 人员进入的条件；
(e) 对临时程序的控制；
(f) 辐射监控和辐射防护的规定和程序；
(g) 制定应急计划和程序；
(h) 保留可能对退役有影响的调试记录。

研究堆从调试到运行的交接

4.44. 营运组织应当确保为成功调试后的研究堆移交建立适当的程序。应当特别注意确保交接前后的责任得到明确界定。SSR-3[1]要求 67 规定：“**研究堆设施的营运组织必须对该设施运行的安全负主要责任。**”

4.45. 研究堆的移交评审应当由营运组织指定的人员进行。在进行评审时，应当召开会议，参与移交过程的组织代表应当进行设施巡视。

4.46. 作为研究堆移交的一部分，文件应当以验收包的形式移交，并应当包括以下内容：

(a) 一般通信、系统记录和日志；
(b) 建造阶段的验收记录；
(c) 试验结果；
(d) 竣工图，包括电气图、仪器仪表图、控制图和流程图；
(e) 维护和监视记录；
(f) 供应商手册；
(g) 初始临界试验、低功率试验和功率提升试验的记录；
(h) 满功率运行的辐射监控调查结果；
(i) 备件和专用工具的清单。

4.47. 应当向营运组织提供最终验收文件，证明所有参数和条件满足验收标准。

研究堆应急准备

4.48. SSR-3[1]要求 81 规定：“**研究堆设施的营运组织必须为核或辐射紧急情况的准备和响应准备应急安排。**”

4.49. 此外，SSR-3[1]第 7.89 段指出：“必须从核燃料首次使用之时起制定适当的应急安排并应当在燃料装卸开始前完成所有应急安排。”在应急安排中应当考虑与非辐射相关的危害。

4.50. 原子能机构《安全标准丛书》第 GSR Part 7 号《核或辐射应急准备与响应》[16]规定了此类应急安排的要求。

4.51. 所有参与调试计划的人员都必须接受培训，以适当应当对紧急情况（见 SSR-3[1]第 7.91 段）。

5. 研究堆调试阶段

5.1. 根据 SSR-3[1]第 7.52 段规定，调试计划应当分为几个阶段（见本“安全导则”第 3.11 段和第 3.18 段）。

5.2. 应当确定每个阶段内要执行的一组试验，以及在继续下一阶段之前应当完成试验结果评审的试验序列中的哪一点。在这种评审的基础上，管理组应当考虑调试计划是否应当继续到下一阶段，以及是否应当根据试验结果或因为该阶段的任何试验没有进行或没有完成而修改下一阶段。

5.3. 必要时，应当在调试期间使用子阶段。每个子阶段内的试验顺序应当按执行的时间顺序指定。附录中提供了要考虑纳入调试计划的试验和先决条件的详细列表。

5.4. 在适当的调试阶段，应当确定和使用相关的安全系统设置和警报设置，包括辐射监控仪器仪表的设置和警报设置。

5.5. 应当确定试验的顺序，同时考虑到以下方面的需要：

(a) 对试验其他系统所需的系统进行预先试验；
(b) 确保各种系统的相互依存；
(c) 出于安全原因，在试验期间保持某些系统运行；
(d) 出于运行或安全原因，确认反应堆或系统的某些特征；
(e) 将那些在继续下一阶段之前应当完成的试验组合在一起。

5.6. 试验的顺序应当是有序的，以便研究堆的安全不依赖于被试验部件的性能。

5.7. 应当对所有安全重要系统及其运行所需的辅助和支持系统进行全面的现场功能性能试验。如果只有部分试验是可能的，这不应当危及整个系统功能性能的演示。

5.8. 在开始调试试验前，应当按照营运组织的管理系统，准备、评审、审批并发布下列文件：

(a) 调试程序（见第 6 部分），包括相关管理系统要求；
(b) 调试文件（见第 7 部分），包括设计信息、初始运行手册、维护手册、运行限值和条件、监视和试验程序以及应急程序；
(c) 建造文件（见第 7 部分），包括结构和设备的建造前环境鉴定试验证据、建造试验报告、建造缺陷清单和任何公认的建造不符合项；
(d) 安全分析报告。

研究堆调试的阶段、试验和先决条件

A 阶段

5.9. 对于计划调试的设备，在 A 阶段，应当记录初始运行数据，核实功能性能，并确认运行与接口系统的兼容性。运行前工作场所监控计划和环境监控计划应当在 A 阶段完成。

A 阶段的先决条件

5.10. 结构、系统和部件的建造应当在未完成的建造项目不影响试验结果有效性的情况下完成。应当完成对建造是否符合设施图纸的核实，与研究堆建造相关的其他视察和试验也应当完成。这些视察和试验中的一些可能在部件制造期间在制造厂进行，也可能在部件安装之前在车间进行。

A 阶段试验

5.11. 在进入 B 阶段之前，必须完成 A 阶段的试验。A 阶段要进行的试验的细节见附录。

5.12. 应当建立程序，以确保对任何交还给建造组保管的结构、系统和部件或在 A 阶段或之后进行维护或改造的结构、系统和部件进行充分的重新试验。

5.13. 以满足 SSR-3[1]第 7.54 段规定的要求。应当在 A 阶段之后进行评审，以核实试验计划已完成并已报告，任何偏差已被识别并得到纠正，并且到目前为止的试验已足以证明燃料装卸试验、初始临界试验和低功率试验能够以安全的方式进行。评审应当确认运行限值和条件是充分和实用的，并应当确定对研究堆运行的任何新的限值。

B 阶段：装料、初始临界试验和低功率试验

5.14. 在 B 阶段进行的试验目的是反应堆堆芯、反应性控制系统、反应堆停堆和保护系统、其他安全系统、反应堆物理参数、堆芯冷却剂系统的特性和适当的屏蔽都令人满意。应当采取措施，确保在这一阶段将放射性物质的积聚保持在最低限度，以便利随后可能必要的任何纠正行动。

5.15. 除次临界组件外，一旦反应堆达到临界，所有安全设备，尤其是启动前无法试验的设备，都应当在低功率水平下进行试验。一段时间的低功率运行对于人员培训是可取的。

5.16. 初始临界试验和低功率试验可能不适用于次临界组件。这些设备的 B 阶段试验可能只包括燃料装卸和物理试验。对于次临界组件，所有安全设备都应当在装卸所需燃料设备后进行试验，尤其是在燃料装卸前无法试验的设备。

5.17. 在进入 C 阶段之前，有必要对 B 阶段的结果进行评审。这些试验应当确认堆芯设计，包括反应性特征和中子性能，以及安全系统和辐射防护系统的特征令人满意。从这些试验中获得的信息应当保证测量参数与安全分析报告中的参数之间没有显著差异。应当调查并解决观察到的任何偏差。

5.18. B 阶段可分为如下两个子阶段：

(a) B1：装料试验和初始临界试验；

(b) B2：低功率试验。

B1 子阶段的先决条件：装料试验和初始临界试验

5.19. 应当建立辐射防护程序（见 SSR-3[1]要求 84）和应急准备和响应程序（见 SSR-3[1]要求 81），并对人员进行这些程序的适当培训。

5.20. 反应堆停堆系统和必要的启动仪器仪表应当完全可运行，并能够在整个运行工况范围内满足设计要求。应当有令监管机构满意的这种能力的书面证据（特别是符合已建立的调试运行限值和条件的证据）。

5.21. 用于反应堆启动的中子监控仪器仪表应当在开始达到临界状态之前是可运行的。中子源应当以适当的几何构型布置使用，以获得 B1 子阶段的足够中子计数率，从而确保精确测量和充分控制。

5.22. 附录中给出了 B1 子阶段的先决条件的综合列表。

B1 子阶段的试验：装料试验和初始临界试验

5.23. 在达到临界状态期间，燃料装卸和排出吸收器或添加慢化剂需要计算或估计，以预测堆芯反应性的变化，以及定期测量次临界倍增，以确定随后的反应性安全增量。如果在达到临界期间（或在次临界组件的次临界核实试验期间）测量的堆芯次临界工况明显偏离预测条件，则应当暂停进一步装载堆芯，直到分析偏差、确定偏差原因、理解影响并采取适当的纠正措施。

5.24. 对于次临界组件，应当核实足够的次临界（例如，通过 $1/M$ 计算，其中 M 是次临界中子倍增因子）。

5.25. 在 B1 子阶段期间，应当试验利用计划可能需要的预期未来堆芯配置。

B2 子阶段的先决条件：低功率试验

5.26. 应当记录和评审 B1 子阶段中进行的试验结果。在进入 B2 子阶段之前，有必要对 B1 子阶段的结果进行满意的评审。

B2 子阶段的试验：低功率试验

5.27. 第 5.28－5.32 段不适用于次临界组件（见第 5.16 段关于次临界组件的 B 阶段调试试验）。

5.28. 在 B2 子阶段期间，应当避免对燃料进行大量辐照和激活反应堆部件，以便于随后对堆芯和反应堆部件进行任何视察。

5.29. 要进行的低功耗试验和测量包括以下内容：

(a) 反应性测量，包括反应性控制机制 [3] 的反应性价值的测量；
(b) 停堆系统试验；
(c) 中子通量分布图测量；
(d) 中子和 γ 辐射场的测量；
(e) 一回路冷却剂系统的试验；
(f) 确认对供电丧失的响应。

5.30. 从低功率试验中获得的信息应当保证测得的反应堆参数与安全分析报告中的参数之间没有重大差异。在继续下一阶段之前，应当调查并解决观察到的任何偏差。

5.31. 在许多情况下，针对特定反应堆类型的试验是必要的，并且在可能的情况下，这些试验应当在 B2 子阶段中进行。

5.32. 以满足 SSR-3[1]第 7.54 段规定的要求。应当在 B 阶段后进行评审，以核实试验计划已完成并报告，任何偏差已被识别并得到纠正，并且到目前为止的试验足以证明功率提升试验和功率试验能够以安全的方式进行。评审应当确认运行限值和条件是充分和实用的，并应当确定对研究堆运行的

---

[3] 反应性控制机构是用于控制反应性的设备，包括调节棒、控制棒、停堆棒或片，以及用于控制慢化剂水平的设备。

任何新的限值。必要时，应当评审和修改培训计划和运行程序，以考虑调试的结果。

C 阶段：功率提升试验和功率试验

5.33. 在 C 阶段进行的试验应当在可行的情况下，确认反应堆能够按照运行限值和条件在正常运行时以及在预计运行事件期间和之后（如断电、一回路冷却剂丧失）的功率下运行。功率提升试验和功率试验不适用于次临界组件和某些类型的临界组件，它们的功率水平通常为零或只有几瓦。

5.34. 在 C 阶段，应当建立所有安全相关参数的原始数据，这些参数将在研究堆运行期间进行常规测量和监控，包括初始系统运行参数和安全重要部件的诊断数据。这些数据将构成未来评定部件退化或性能趋势的基础。

C 阶段的先决条件

5.35. 在开始 C 阶段之前，应当满足以下先决条件：

(a) 应当完成 B 阶段调试试验，并对其结果进行评价和批准；

(b) 监管机构应当评审 B 阶段试验的结果以获得批准；

(c) 完整的反应堆系统，包括完整的散热系统，应当证明功能齐全，并准备好满功率运行。

5.36. C 阶段可分为如下两个子阶段：

(a) C1：功率提升试验；

(b) C2：功率试验。

C1 子阶段的试验：功率提升试验

5.37. 功率提升应当按照程序中的规定逐步执行。在每一步都要进行一系列试验，以确认设计意图和继续提升功率的安全性。应当评审试验中获得的结果，并在继续下一个功率水平之前协调预测值和观测值之间的任何差异。

C2 子阶段的试验：功率试验

5.38. 在 C2 子阶段期间，应当进行以下试验：

(a) 核实设施内的辐射剂量率是否符合预期，并核实屏蔽是否充分；

(b) 核实气态、液态和悬浮颗粒流出物处于预期和可接受的水平；
(c) 核实反应堆参数和特征，如反应系数以及氙和其他毒物的影响是预期的和可接受水平上。

5.39. 在在满功率运行的核实试验后，应当进行试验和研究，以证明或核实与反应堆利用以及防护和安全最优化相关的各种设施参数。在批准的运行范围内，这些试验和调查可包括以下内容：

(a) 合同验收的确定；
(b) 测量以前没有提到的实验设备的其他影响；
(c) 燃料管理参数的测量；
(d) 用于运行、环境和实验目的的辐射测量的最终评价；
(e) 束流和辐照设施中子通量和 γ 场的测定。

5.40. 以满足 SSR-3[1]第 7.54 段要求。应当在调试 C 阶段后进行评审，以核实是否已查明并纠正了任何偏差，试验计划是否足以证明研究堆能够以安全的方式运行，以及调试 C 阶段是否已圆满完成并报告了结果。评审应当确认所有测量的参数和条件都在可接受的范围内，并且运行限值和条件是足够的。如有必要，应当规定对研究堆运行的任何新限值。应当评审培训计划和运行程序，并在必要时根据调试结果进行修改。

6. 研究堆调试程序和报告

研究堆调试程序

6.1. SSR-3[1]第 7.53 段指出："在试验开始前，必须为每次调试试验准备、评审程序并获得批准。"其他调试任务也应当根据需要准备程序。这些程序也可以作为评定和记录试验结果的辅助手段。调试程序应当包括以下内容：

(a) 程序的目的，以及在适当的情况下，引入程序的原因（例如，为了核实安全分析中所做的假设）；
(b) 所有必要的活动，以确认正在接受试验物项的运行可接受性；
(c) 在规定的稳态和瞬态工况下测量的性能参数；
(d) 性能要求，以及明确规定的验收标准。

对于某些调试活动，通用程序或说明清单可能就足够了。

6.2. 研究堆中实验设备和系统的调试程序应当包括以下内容：

(a) 程序的标题和版本号；
(b) 将使用该程序最新批准版本的声明；
(c) 试验的目的、待试验的设备以及试验与调试计划其余部分关系的概要；
(d) 程序与其他程序的关系；
(e) 试验的预期结果；
(f) 验收标准；
(g) 使用的试验方法；
(h) 试验的先决条件和初始条件；
(i) 试验期间需要实施的安全措施；
(j) 应当采取的预防措施，包括必要时停止试验；
(k) 试验条件和步骤说明；
(l) 进行试验所需的设备清单（包括校准的监控仪器仪表）；
(m) 所需人员的类型和数量，以及他们的职责、责任和资格；
(n) 程序的使用和符合性说明；
(o) 要记录的数据清单和要使用的核对表；
(p) 试验数据和结果的分析方法；
(q) 已完成试验的证明材料；
(r) 参考文献列表。

6.3. 试验程序应当尽可能遵循研究堆的正常运行程序，以便检查并在必要时修改正常运行程序，并为运行人员提供熟悉研究堆正常运行程序的机会。

6.4. 调试程序应当说明试验所需的正常运行配置的任何变化。在这种情况下，应当进行检查，以确认在试验开始前这些更改是正确的，并且在试验完成后设备或系统恢复到正常状态。

6.5. 必要时应当采取措施，防止研究堆的结构、系统和部件和用于调试的设备之间发生破坏性或不利的相互作用。特别是在将实验设备连接到仪器仪表和控制系统时，以及出于调试目的交叉连接流体系统时应当小心谨慎。

6.6. 程序应当包括根据管理系统收集和制表数据和试验结果（如试验表和表格）的安排。应当以允许进一步核实的方式陈述和介绍分析方法。数据和试验结果应当根据验收标准进行评价，以阐明是否符合设计意图。应当考虑安全性分析中使用的不确定性。

6.7. SSR-3[1]第 7.54 段指出："还必须包括解决调试试验期间发现的任何偏差或缺陷的规定。"

研究堆调试报告

6.8. 调试组应当在需要评审和批准的每个调试阶段或子阶段之后，在进行调试计划之前，准备总结报告。这些报告应当提交给管理组（或营运组织），必要时还应当提交给调试计划的其他参与者。

6.9. 应当准备每项试验的正式报告，并应当得到调试组的批准。调试报告的格式可能会有所不同，然而，SSR-3[1]第 7.55 段指出：

> "报告必须包括以下内容：
>
> (a) 试验的目的和预期结果；
> (b) 试验期间需要生效的安全规定；
> (c) 预防措施和先决条件；
> (d) 试验程序；
> (e) 试验报告，包括收集的数据及其分析摘要、结果评价、缺陷识别（如果有的话）以及任何必要的纠正措施。"

还应当包括确认已满足验收标准并提供试验结论的声明。

6.10. 调试组应当准备每个调试阶段的报告和最终调试报告。

6.11. 管理组应当评审调试报告，以确保调试计划的目标已经实现。特别是，管理组必须确保运行限值和条件已得到核实，安全分析报告中关于研究堆性能的假设和预测已得到确认。

6.12. 调试活动结束后，管理组应当编写一份全面的调试报告。该报告应当包含所有必要的信息，包括试验结果的整理和评价。

6.13. 除正式的调试报告外，SSR-3[1]第 7.51 段指出：“必须作出直接影响安全性的试验结果和分析可供安全委员会和监管机构酌情评审和批准。”

7. 研究堆调试文件

7.1. 应当根据管理系统建立程序，以识别、收集、维护、评审、批准、发布、修订和存档与调试计划相关的文件。

7.2. SSR-3[1]第 7.56 段指出：“所有调试试验的结果，无论是由营运组织的成员还是供应商进行的，都必须提供给营运组织，并必须在设施的整个生命周期内保存。”关于调试的其他文件（例如，描述提议的调试活动、评价结果、解决偏差、允许在不同小组之间职责的移交，以及确保所有这些活动都已正确执行）也应当提供给营运组织，并由营运组织保留。

7.3. 调试文件应当包括以下内容：

(a) 与调试相关的管理系统要素；
(b) 调试计划；
(c) 综合调试报告；
(d) 工作档案和相关文件，包括：
   (i) 清单和日志；
   (ii) 证书和批准；
   (iii) 重大事件报告；
   (iv) 偏差报告及其解决方法；
   (v) 实施的变更报告；
   (vi) 建造和调试的巡视和移交文件（见第 4.46 段）。
(e) 管理记录；
(f) 支持文件，包括设计报告、竣工工程图纸、安全分析报告、运行程序、运行限值和条件、维护程序以及供应商规范和数据。

研究堆的调试记录保存

7.4. 应当在研究堆的调试计划内建立两类记录－永久记录和临时记录。

7.5. 要求在研究堆的寿命期间保持永久记录（见 SSR-3[1]第 7.56 段）。永久记录是符合下列一项或多项标准的记录：

(a) 他们展示了研究堆安全运行的能力；
(b) 它们展示了事故或物项故障的原因；
(c) 它们为随后的定期视察提供原始数据；
(d) 它们是维护、改造或更换物项所必需的；
(e) 它们将有助于退役；
(f) 监管机构或其他相关组织要求永久保存记录。

7.6. 临时记录是指仅为证明按照调试阶段完成活动所必需的记录。在活动完成后，一旦此类活动被评审并被认为已经完成，就不需要维持这些记录。

研究堆安全分析报告更新

7.7. 在监管机构批准常规运行之前，应当将调试计划及其结果的摘要纳入研究堆的安全分析报告。SSG-20（Rev.1）[9]提供了进一步的建议。

8. 新实验设备、实验和改造的调试

8.1. 要求评审在研究堆调试计划完成后安装的实验设备 [4] 的建议、调试计划期间未考虑的新试验和/或对研究堆的改造。（见 SSR-3[1]要求 83）SSG-24（Rev.1）[10]提供了关于这一专题的建议。

8.2. 所有新的实验设备、实验和改造都需要经过适当的调试程序，以在投入使用前表明其功能性和安全性（见 SSR-3[1]第 7.47 段和第 7.50 段）。

8.3. 根据 SSR-3[1]第 7.101 段指出，安全重要新实验设备、实验和改造（见 SSG-24（Rev.1）[10]第 3 部分）必须遵守与反应堆本身相同的调试程序，本“安全导则”的建议完全适用。

[4] 实验设备是指安装在反应堆内或周围的设备，其目的是利用来自反应堆的中子通量和电离辐射进行研究、开发、同位素生产或任何其他目的。

8.4. 非安全重要新实验设备、实验和改造应当根据 SSG-24（Rev.1）[10]中提供的建议进行调试。此类设备、实验或改造应当在投入使用时，通过调试计划进行适当的安全核实，包括在实施前和实施过程中的检查、测量和评价。

8.5. 实验设备、实验或改造最终批准的基础应当是调试成功完成。应当制作一份调试报告，其中应当介绍和评定调试结果。该报告应当由反应堆安全委员会评审，并由反应堆经理批准，如果适当，应当提交监管机构评审和批准。

8.6. 在调试新的实验设备、实验和改造后，应当更新系统文件、图纸、安全分析报告和运行程序，以反映新的状态。

研究堆的新实验设备、实验和改造的调试期延长

8.7. 对于一些新的实验设备、实验和改造，在获得和评价它们对反应堆运行、可靠性和安全性影响的足够信息之前，可能需要一段时间的运行。SSG-24（Rev.1）[10]提供了关于这一实施后阶段的进一步建议。

附　录

研究堆的每个调试阶段先决条件和试验

A.1.　调试试验的次数和顺序通常取决于研究堆的类型和特定调试计划。SSG-28[12]提供了动力堆调试试验的建议，应当评价这些试验对研究堆调试的适用性。

A.2.　调试计划通常包括对研究堆所有结构、系统和部件的试验。根据 SSR-3[1]要求 12，需要采用分级试验方法，根据每个物项安全的重要性和研究堆的总体潜在危害来确定将要进行试验的范围和类型（另见 SSR-3[1]第 2.17 段）。尽管如此，试验应当足够全面，以确定研究堆在设计中分析的所有模式下的适当行为，尽可能包括预计运行事件。一般不会进行超出安全分析报告所用假设范围的试验。

A.3.　在建立调试试验时，应当使用设计和安全文件。设计人员和建造组应当参与建立试验目标和验收标准。通常，设计人员、销售人员或供应商将为合同保证目的建立最低数量的试验。这些试验应当由其他试验补充，这些试验应当与设计人员、卖主或供应商讨论，以实现调试计划的目标。然而，这套试验应当得到参与调试的所有组织的同意，并应当为监管机构所接受。

A.4.　应当根据本“安全导则”第 3.18－3.21 段和第 5 部分的建议安排试验的执行。一般而言，在进行试验时，应当将重点放在以下所依赖的安全系统和工程安全特点上：

(a)　履行 SSR-3[1]要求 7 中描述的主要安全功能（即控制反应性、从反应堆和燃料贮存中排出热量、密封放射性物质、屏蔽辐射和控制计划的放射性排放，以及限制意外的放射性排放）；

(b)　符合运行限值和条件标准。

A.5.　调试计划还应当包括核实试验，包括研究堆预计运行所需的所有其他系统，特别是已安装的辐射监控系统、消防系统和通信系统。应当充分考虑将与反应堆一起调试的任何实验设备及其辅助设备的试验。如果在执行试验时使用计算机化系统，则应当核实这些系统（参见 SSG-37（Rev.1）[8]）。

A.6. 在调试 B1 子阶段（见第 5.19－5.25 段）期间，反应堆堆芯装载了可裂变材料发生临界。在该子阶段进行的试验应当涵盖反应堆运行期间可能需要的典型堆芯配置。在这些堆芯配置中的每一个堆芯反应堆参数的测量应当在测量所需最小过量反应性的堆芯中进行。然后，试验结果应当与开始调试过程前进行的安全分析和中子计算的结论进行比较。

A.7. 本附录的物项应当酌情包括在试验燃料装卸和临界方法的程序中。

研究堆调试 A 阶段的先决条件和试验

调试 A 阶段的先决条件

A.8. 在 A 阶段试验任何结构、系统和部件之前，应当考虑以下几点：

(a) 调试计划管理系统的实施；

(b) 在 A 阶段完成和记录待实验设备的建造（例如，安装和校准的记录和证书，以及待实验设备的运行和维护程序或手册）；

(c) 进行初始试验和视察，以保证设备已准备好进行试验（例如，核实建造符合设施图纸，安装后检查和核实设备的记录和状态，接线、联锁和保护设备的连续性和分离性，仪器仪表的初始运行和校准，控制器和限位开关的调整和设置，用于移交目的的标记）；

(d) 确认实验设备是可运行的和校准的；

(e) 对单一设备或子系统进行功能试验，例如：

  (i) 储罐、阀门、泵和管道；

  (ii) 电动机和发电机；

  (iii) 风扇和通风管道；

  (iv) 仪器仪表和控制设备。

(f) 完成 A 阶段试验详细程序的编写和评审。

调试 A 阶段的试验

A.9. 试验燃料装卸性能和达到临界状态的主要先决条件是完成 A 阶段试验。系统（如电气系统、仪器仪表系统、通风系统、水过滤系统、水清洁情节系统、供水系统）的试验应当按顺序进行，以确保进一步实施调试计划所需的系统的可用性。在某些情况下，如果试验方法、结果和文件符合调试计划的要求，重复已经进行过的试验（例如在车间或制造和建造期间）可能没有必要。但是，这些试验应当得到核实。

A.10. 在调试 A 阶段进行的试验应当证明系统的可运行性，并在适当的情况下核实冗余。以下是应当试验的代表性系统以及应当在 A 阶段进行的试验和核实的示例：

(a) 辅助系统[5]：

  (i) 辅助系统的可运行性，并在适当的情况下辅助系统的电气独立性；

  (ii) 核实通信和警报设备的声音足够大，可以在设施的适当部分听到，但警报的声音不会大到干扰通信。

(b) 电气系统：

  (i) 确保所有电气系统都经过检查并通电；

  (ii) 电压和频率的调整，启动负载和满负载的试验，以及电气独立性的核实；

  (iii) 检查联锁设备、仪器仪表和控制系统、应急设备和照明、指示和警报设备、保护设备、继电器、电路逻辑、变压器和断路器的功能；

  (iv) 检查模拟事故工况下的运行工况和场外电力完全断电；

  (v) 检查应急电源触发设备的运行和应急供电系统的性能；

  (vi) 蓄电池放电试验和蓄电池充电器、传输设备和逆变器能力的核实。

(c) 反应堆结构：

  (i) 检查导流设备、模拟燃料设备、反射层元件和其他相关物项的尺寸、对准、支撑、位置和配合。

(d) 仪器仪表和控制系统[6]：

  (i) 试验正常运行的功能，包括计算机系统（即硬件和软件）的调节、控制、监控、记录和运行；

---

[5] 典型的辅助系统包括水服务、仪器仪表和空气服务、压缩气体、加热和正常通风、水过滤、水净化、消防、通信和警报系统。

[6] 典型的仪器仪表和控制系统包括反应性控制系统、监控系统、指示系统、通信和警报系统、启动仪器仪表、安全和防护系统以及计算机系统。

(ii) 试验保护系统的性能、预计运行事件的公告和警报以及远程监控和关闭。

(e) 反应性控制、反应堆停堆和保护系统：

(i) 检查反应性控制机构的尺寸、支撑、配合和间隙；

(ii) 演示正常运行和应急停堆，包括核实计算机程序和驱动机制的响应，以及核实排序、抑制、互锁、警报、控制室指示、棒位置仪器仪表、磨合时间和下降时间的性能；

(iii) 核实安全系统逻辑、停堆和警报设置、测量通道的响应时间，并执行令人满意的冗余、电气独立和设备鉴定规定；

(iv) 核实对故障模式和供电丧失的正确响应。

(f) 反应堆容器（或储罐）和堆内构件：

(i) 检查可拆卸内部构件的安全安装，以及在适当的情况下检查密封线、锁紧螺母或点焊等固定器的安全安装；

(ii) 检查束管端口是否对齐，塞子是否安装和密封，并核实泄漏试验；

(iii) 水池和/或水箱的清洁、填充和泄漏试验的核实；

(iv) 检查再循环、过滤、蒸发率、 净化和补充系统，以及液位和泄漏指示。

(g) 反应堆一回路和二回路冷却剂系统 [7]：

(i) 检查间隙和机械支撑，并核实泄漏试验；

(ii) 系统和部件试验，包括流量和压力测量仪器仪表的校准、辅助系统的同时运行、适用规范和标准要求的试验以及压力边界试验；

(iii) 核实在设计流量和压力下的正确运行，并试验（如可能）过度振动并记录原始数据；

(iv) 检查自然对流冷却的规定。

(h) 慢化剂系统：

(i) 系统和设备的视察和试验；

(ii) 核实慢化剂系统的流程和功能性能，使用虚拟反射层元件在堆芯位置装卸、取出和锁定元件；

---

[7] 典型的反应堆一回路和二回路冷却剂系统和部件包括泵、阀门、管道、热交换器、冷却塔和仪器仪表。

(iii) 水（重水）净化和混合系统运行的核实。

(i) 应急堆芯冷却系统[8]：

(i) 试验系统在所有预计运行模式下的性能（在正常电源和应急电源下），以及启动设备、逻辑和设定点的正确运行。

(j) 反应堆厂房安全壳[9]：

(i) 检查安全壳和加热/通风系统的正常运行；

(ii) 检查隔离（即运行、启动和逻辑）、泄漏试验（针对整个系统和部件）、冗余和电气独立性的核实，以及是否符合设备鉴定要求和事故工况下的完整性要求；

(iii) 安全壳泄漏率试验；

(iv) 过滤性能；

(v) 测量厂房墙壁的排气率和压差。

(k) 燃料贮存和装卸[10]：

(i) 所有设备的功能试验，必要时进行泄漏试验，检查现场设备，并使用模拟燃料设备对人员进行培训。

(l) 辐射防护系统和废物处置系统[11]：

(i) 所有设备的功能试验、响应试验和校准；

(ii) 液态废物处理系统的泄漏试验。

(m) 反应堆部件装卸系统：

(i) 装卸设备和起重机的负载试验和功能试验。

(n) 实验和实验设备[12]：

---

8 典型的应急冷却系统包括应急供水、补给，注入或堆芯喷淋、管道、支架和相关部件。

9 典型的反应堆厂房安全壳系统包括水池密封、安全壳贯穿、气闸、隔离阀、应急通风系统、再循环系统、补水系统、排气系统、过滤系统、空气净化系统以及仪器仪表和控制系统。

10 典型的燃料装卸和贮存系统包括起重机、屏蔽传送蓝，桥架、搬运工具、热室、贮存设施、警报、通风系统以及安保和保障相关设备。

11 典型的辐射防护系统和废物处置系统包括：污水和其他已安装的辐射监控器，便携式辐射测量仪器仪表，用于分析的实验室设备，以及处理、贮存、排放或控制废物排放的系统和部件。

12 用于实验的典型设施包括水池或反射层辐照设施，气动胶囊系统、回路和热柱，以及相关的仪器仪表和控制系统。

(i) 核实设备的安装和拆除、配合试验，以及在可能的情况下，设备的正确运行；

(ii) 泄漏试验。

研究堆 B 阶段调试的先决条件和试验

调试 B 阶段的先决条件

A.11. 除了完成 A 阶段的试验和核实外，还应当实施管理措施和预防措施，作为 B 阶段调试的额外先决条件。[13] 这些措施和预防措施应当包括以下内容：

(a) 进出控制，特别是进入研究堆控制室。原子能机构《核安保丛书》[17－19]提供了核安保进出控制导则；

(b) 确定紧急情况下人员的责任和厂房疏散的标准；

(c) 制定燃料装卸的预防措施，以防止损坏或意外临界，并区分燃料类型、丰度和毒物元件的差异；

(d) 第 A.10 段中提及的试验结果的评价和批准；

(e) 准备调试 B1 子阶段的详细程序。

A.12. 在调试 B1 子阶段开始前，至少应当提供以下文件：

(a) 管理系统，在调试 A 阶段后根据需要进行更新；

(b) 完成对调试 A 阶段试验结果的评审（见第 A.10 段）；

(c) 监管机构要求的最新安全分析报告。应当特别注意在 A 阶段中发现的不符合项、缺陷和改造及其解决方案；

(d) 根据调试 A 阶段的试验结果对运行限值和条件进行修订，并说明这些修订的正当性；

(e) 评审及批准建立初始临界的运行程序。这些运行程序应当包括以下内容：

  (i) B1 子阶段试验的目标和预期结果；

  (ii) 用于启动仪器仪表和其他测量通道的运行限值和条件；

---

[13] 在一些国家，在完成 B 阶段的先决条件后，监管机构要求提供证书，可能还需要监管机构的许可证才能继续进行。

(iii) 启动仪器仪表的清单和核实程序；

(iv) 堆芯几何构型，包括源和探测器位置，以及根据先前分析的燃料装卸计划；

(v) 燃料装卸程序，关于次临界倍增测量结果的管理标准和措施，以及次临界堆芯反应性控制机制的估计反应性价值。这些标准可能包括燃料装卸过程中的待检点，以允许重新评价；

(vi) 次临界倍增的测量程序，以及对于次临界组件，次临界裕度的测量程序；

(vii) 参与 B1 子阶段人员的组织和职责。

(f) 日志顺序记录所有相关运行操作以及新燃料设备的位置、状态和转移；

(g) 清单和工作许可；

(h) 维护记录，更新以考虑已经执行的试验和维护活动的结果。

A.13. 应当为调试计划制定辐射防护程序，并应当得到营运组织的批准。一旦包括中子源和燃料设备在内的放射性物质被引入该设施，就应当立即实施研究堆的辐射防护计划。该计划应当包括考虑以下方面：

(a) 调试过程中放射性物质可能排放到环境中的总量；

(b) 参与调试计划的人员的职业照射剂量；

(c) 应急准备和响应安排；

(d) 与调试过程相关的辐射防护设备，包括已安装的监控系统、便携式监控器和污染监控器；

(e) 辐射源的清单和转移；

(f) 辐射防护培训。

原子能机构《安全标准丛书》第 GSG-7 号《职业辐射防护》[20]提供了关于辐射防护计划内容的建议。

A.14. 应当建立调试计划的应急程序，并由营运组织批准，如有要求，由监管机构批准。这些程序应当解决以下问题：

(a) 与调试计划相关的潜在非辐射相关风险；

(b) 场内紧急情况的管理，以及在调试过程中与适当当局合作应当对潜在的场外紧急情况（如果安全分析考虑到这些情况）；

(c) 对人员进行应急程序培训；

(d) 提供培训和演练。

调试 B1 子阶段的试验：装料和达到临界

A.15. 以下是应当在 B1 子阶段期间进行的试验和核实示例（假设达到临界的方法是通过逐步添加燃料。对于通过对慢化剂、反射层或中子吸收剂的作用达到临界的方法，可能需要不同的步骤和核实。）其中一些试验（例如标有星号（*）的试验）可能不适用于次临界组件：

(a) 保护和反应性控制系统试验：

(i) 控制功能、警报、棒抽出和/或插入速度、顺序和指示的试验；

(ii) 检查安全系统停堆设置、逻辑、运行和手动应急停堆；

(iii) 检查反应性控制机构和导轨的移动或定位中的摩擦问题；

(iv) * 落棒时间测量的性能（有和没有一回路冷却剂流动）和减震器运行的核实。

(b) 慢化剂和一回路冷却剂系统的试验：

(i) * 一回路冷却剂流期间振动的流量试验、堆芯和主要部件的压差试验以及流量和管道泄漏丧失试验；

(ii) 水质试验；

(iii) 定位固体慢化元件时检查摩擦或粘附问题。

(c) 中子通量测量设备和警报器的试验：

(i) 使用中子源对警报和停堆设置和动作进行最终试验。

(d) 装料试验：

(i) 根据书面程序进行装料（即进行临界试验，次临界组件除外）；

(ii) 独立核实燃料设备和反应性控制机构是否已按照批准计划适当放置在正确位置；

(iii) 在燃料装载期间和每个计划的单一燃料装卸量或次临界堆芯的反应性控制机制移动期间，监控中子计数率；

(iv) 建立标准，以减少因接近临界而增加的燃料添加量。

(e) 次临界反应性测量：

(i) 逐步增加堆芯反应性；

(ii) 确保连续监控中子通量，绘制相对于燃料装卸量的倒数计数率，并对结果进行评价以预测临界，或在次临界组件的情况下预测次临界度；

(iii) 临界质量的估算并在减少燃料装载的增加量；

(iv) 通过次临界倍增测量对反应性控制系统的反应性价值做初始估计。

(f) 反应堆达到临界状态试验：

(i) 确保在移动反应性控制机构时采取足够的预防措施（例如，减少每次移动中的反应性，并等待中子计数率稳定更长时间）；

(ii) 如有必要，在反应性控制机构运行期间定期进行次临界测量；

(iii) 对于次临界组件，确认指定的次临界裕度。

(g) * 反应堆临界试验（不适用于次临界组件）：

(i) 如有可能，令人满意地撤回中子源，并重新调整反应性控制机构的位置以保持临界状态；

(ii) 令人满意地提高功率，使中子计数率进入仪器仪表的响应范围，用于后续测量；

(iii) 在可能的情况下，测量反应性系数和反应性控制机构（安全、补偿或调节设备）的反应性价值；

(iv) 反应堆的级联和所有反应性控制设备的反应性价值估计（如有可能）。

A.16. 以下是对 B1 子阶段中的次临界组件应当进行的附加试验和核实的示例（如适用）：

(a) 控制和停堆系统试验：

(i) 核实指示、警报、控制和保护功能的中子仪器仪表的灵敏度和范围。

(b) 通量分布图测量：

(i) 对堆芯和反射层进行全面测量，注意吸收器和不同燃料类型和/或丰度的影响；

(ii) 建立中子通量分布、径向和轴向功率峰值因子以及临界功率比；

(iii) 燃料和吸收器附近的局部中子通量测绘；

(iv) 刻度中子通量测量通道，确定实验设备和反应性控制机构对引起反应堆应急停堆传感器的影响。

(c) 中子和 γ 辐射水平的初始测量：

(i) 辐射调查和辐射监控器响应的确认。

(d) 电气系统试验：

(i) 确认对断电的正确反应。

调试 B2 子阶段的试验：低功率试验（不适用于次临界组件）

A.17. 以下是应当在 B2 子阶段期间执行的试验和核实示例：

(a) 反应性测量：

(i) 建立和核实过量反应性和反应堆停堆裕度；

(ii) 确定调节、补偿和安全反应性控制机构和其他吸收器的反应性价值；

(iii) 反应性系数的确定（如冷却剂的初始等温温度系数、慢化剂和反射层系数、间隙系数）；

(iv) 确定已安装的堆芯和反射层实验设备的反应性价值，如回路、专用设备、容器和辐照位置。

(b) 控制和停堆系统试验：

(i) 核实指示、警报、控制和保护功能的中子仪器仪表的灵敏度和范围；

(ii) 核实反应性控制功能和设备的运行，如反应性插入和/或排出顺序、自动功率控制、联锁和计算机；

(iii) 保护功能的核实，如应急停堆整定值、警报、定时和停堆。

(c) 通量分布图测量：

(i) 对堆芯和反射层进行全面测量，注意吸收器和不同燃料类型/丰度的影响；

(ii) 确定中子通量分布、径向和轴向功率峰值因子以及临界功率比；

(iii) 燃料和吸收器附近的局部中子通量测绘；

(iv) 刻度中子通量测量通道，确定实验设备和反应性控制机构对引起反应堆应急停堆的传感器影响。

(d) 中子和 γ 辐射水平的测量：

(i) 辐射调查和辐射监控器响应的确认。

(e) 一回路冷却剂系统试验：

(i) 确定堆芯冷却剂流量分布（如有必要）、泄漏、振动、压降以及实验设备和设施的影响；

(ii) 对应急停堆和流量丧失试验响应的核实。

(f) 电气系统试验：

(i) 确认对断电的正确反应；

(ii) 如果可能，检查以确保满负荷不会对仪器仪表和控制系统的性能产生不良影响。

研究堆调试 C 阶段的先决条件和试验

调试 C 阶段的先决条件（不适用于次临界组件）

A.18. 在开始 C 阶段之前，应当执行以下活动：

(a) 应当完成 B 阶段调试试验，并对结果进行评价和批准；

(b) 应当完成 B 阶段调试试验的评审；

(c) 应当准备 C 阶段的详细运行和调试程序。

调试 C 阶段的试验（不适用于次临界组件）

A.19. 在 C 阶段，反应堆功率应当逐步提高，直到达到最大功率。每一步都应当建立待检点。在进行之前，可能需要得到监管机构的批准。必要时，应当在每一步进行试验和调整。尤其重要的是研究堆保护和控制系统的性能、确认提供足够屏蔽的辐射调查结果、用于设计和安全分析的分析模式的核实，以及反应堆对预计运行事件（包括瞬变）的反应。

A.20. 试验应当足够全面，以确定研究堆可以安全运行，而不将反应堆置于超出安全分析所用假设范围的运行模式或工况下。应当考虑在系统运行模式的极端情况下进行试验，以及在设备最低可用性的模拟条件下进行试验，如果设施打算在这些模式下运行的话。

A.21. 以下是在 C 阶段应当在相关功率水平下进行的试验和核实示例：

(a) 反应性测量：

(i) 温度、功率系数和氙中毒的测量。

(b) 停堆试验：

  (i) 快速停堆试验，以核实包括模拟瞬态之后定时的跳堆。

(c) 通道校准（以下部分校准可能已在 B 阶段中启动，但应当在达到满功率前完成）：

  (i) 功率测量通道的校准；

  (ii) 校准安全系统测量通道，并相应当地重新调整安全系统设置；

  (iii) 扰动、不对称和通量倾斜的评价。

(d) 仪器仪表和控制系统的试验：

  (i) 检查控制系统、反应性插入/排出顺序和联锁设备的性能；

  (ii) 检查其他过程控制系统的运行工况；

  (iii) 流量、压力、温度和功率仪器仪表的校准和核实；

  (iv) 检查控制计算机和自动反应堆控制系统，核实过程变量输入和性能输出，并检查故障的影响；

  (v) 功率降低和停堆期间氙气超速特征的测定。

(e) 冷却剂和慢化剂系统试验：

  (i) 整体流速、通道和/或堆芯流量、压降、泄漏和检测以及振动的核实；

  (ii) 对冷却剂进行化学分析，并检查放射性污染和冷却剂化学和放射化学控制警报；

  (iii) 自然循环试验和衰变热排出系统性能的检查；

  (iv) 检查二级和三级散热系统的性能，必要时包括化学和生物分析；

  (v) 检查辅助系统的性能（冷却剂和/或慢化剂补充系统、过滤和/或净化系统、破损燃料检测系统、辅助冷却系统、慢化剂和/或反射层冷却系统）；

  (vi) 核实反应堆对冷却系统故障的反应，包括泵和阀门的故障。

(f) 稳态堆芯性能评价：

  (i) 反应堆功率测量的核实；

  (ii) 在可行的情况下，通过考虑表面热通量、线性热速率和偏离核沸腾比，并通过评定临界热通量，核实燃料和冷却剂温度以及堆芯热水力特性；

  (iii) 核实反应性控制设备的允许模式和/或模式未超过堆芯限值。

(g) 中子和γ辐射水平的测量：

(i) 核实γ辐射和中子辐射调查的结果以及屏蔽的有效性；

(ii) 评审进出控制；

(iii) 核实已安装和便携式辐射监控器的响应和校准。

(h) 放射性排放系统和废物监控系统的试验：

(i) 对污水监控系统和废物监控系统的校准进行核实；

(ii) 检查处理、贮存和排放气态和液态废物的其他系统的可运行性。

(i) 反应堆厂房检查：

(i) 确认通风系统和空调系统的性能（最大功率下允许的最低设备可用性），并核实密封和/或清理应急系统的性能（如果之前没有演示）。

(j) 其他辅助系统试验：

(i) 核实安全系统和工程安全功能运行或将运行环境维持在最低设备设计能力所需辅助系统的性能裕度；

(ii) 设备满功率承载能力的确认；

(iii) 如果适用，核实远离控制室的停堆和监控能力；

(iv) 确认满功率运行时电力供应丧失后的满意性能。

(k) 与试验和实验设备相关的试验。以下试验、测量或核实应当在C阶段或单一实验设备调试期间进行（有些试验可能需要进行关键试验或使用模型）：

(i) 试验用中子通量、谱和梯度的测量；

(ii) 测量实验设备的反应性效应（插入、排出、故障、空泡）；

(iii) 实验设备对流量分布和控制及安全仪器仪表响应的影响试验；

(iv) 实验设备和辅助系统（如应急电源系统、冷却系统）的仪器仪表和控制系统的运行试验；

(v) 与实验设备相关安全设备的试验（如警报、停堆系统、电源设置系统）和任何包容特点；

(vi) 实验设备设备的功能试验（如放射性同位素生产、供热、回路或试验台试验、冷源设备、辐照器、束管）；

(vii) 模拟设备故障的试验（如回路失冷）。

(l) 为日常运行做准备。在开始常规运行之前，应当确认以下内容：

  (i) 主要反应堆实验设备的试验已经完成，获得了原始数据，进行了可运行性演示，并进行了任何必要的改造或调整；

  (ii) 运行文件，包括运行程序及运行限值和条件已在必要时进行了修订；

  (iii) 根据 SSR-3[1]第 3.4 段，调试报告已经完成，安全分析报告已经修订，以包括重要的结果，并且已经向监管机构申请授权研究堆的运行（包括利用和改造）。

C 阶段后继续试验

A.22. 随着研究堆运行的进行，应当完成的典型试验和活动如下：

(a) 积累原始数据；

(b) 进一步试验、调整、改造和优化参数，使研究堆为日常运行做好准备；

(c) 定期重新评价反应性价值（如停堆裕度、反应性控制机制的价值）；

(d) 燃料管理预测和燃耗估算的确认；

(e) 确认乏燃料的装卸、贮存和运输是否充分；

(f) 确定辐照对堆芯部件和材料的影响（如蠕变）；

(g) 开发和确认试验和利用设施的方法和程序；

(h) 确认辐射防护措施的充分性，包括核实与应急中心相连的远程监控仪器仪表；

(i) 建立本底环境监控数据；

(j) 核实独特的运行模式（如远程运行、脉冲模式）；

(k) 合同要求的核实（如生产目标、长期运行、本地供热）；

(l) 核实使用方法和设备（例如生产、装卸、加工、贮存和运输放射性同位素的方法和设备）；

(m) 原型设施和设备的长期试验。

参 考 文 献

[1] 国际原子能机构《研究堆的安全》，国际原子能机构《安全标准丛书》第 SSR-3 号，国际原子能机构，维也纳（2016 年）。

[2] 国际原子能机构《研究堆的维护、定期试验和视察》，国际原子能机构《安全标准丛书》第 SSG-81 号，国际原子能机构，维也纳（2023 年）。

[3] 国际原子能机构《研究堆堆芯管理和燃料装卸》，国际原子能机构《安全标准丛书》第 SSG-82 号，国际原子能机构，维也纳（2023 年）。

[4] 国际原子能机构《研究堆运行限值和条件及运行程序》，国际原子能机构《安全标准丛书》第 SSG-83 号，国际原子能机构，维也纳（2023 年）。

[5] 国际原子能机构《研究堆的营运组织和人员招聘、培训与授权》，国际原子能机构《安全标准丛书》第 SSG-84 号，国际原子能机构，维也纳（2023 年）。

[6] 国际原子能机构《研究堆设计与运行中的辐射防护与放射性废物管理》，国际原子能机构《安全标准丛书》第 SSG-85 号，国际原子能机构，维也纳（出版中）。

[7] 国际原子能机构《研究堆的老化管理》，国际原子能机构《安全标准丛书》第 SSG-10（Rev.1）号，国际原子能机构，维也纳（出版中）。

[8] 国际原子能机构《研究堆安全重要仪器仪表和控制系统与软件》，国际原子能机构《安全标准丛书》第 SSG-37（Rev.1）号，国际原子能机构，维也纳（出版中）。

[9] 国际原子能机构《研究堆安全评定和安全分析报告的编写》，国际原子能机构《安全标准丛书》第 SSG-20（Rev.1）号，国际原子能机构，维也纳（2022 年）。

[10] 国际原子能机构《研究堆的利用和改造安全》，国际原子能机构《安全标准丛书》第 SSG-24（Rev.1）号，国际原子能机构，维也纳（2022 年）。

[11] 国际原子能机构《核安全与安保术语：用于核安全、核安保、辐射防护、应急准备与响应》（2022 年暂定版），国际原子能机构，维也纳（2022 年）

[12] 国际原子能机构《核电厂调试》，国际原子能机构《安全标准丛书》第 SSG-28 号，国际原子能机构，维也纳（2014 年）。

[13] 国际原子能机构《分级方法在适用研究堆安全要求中的使用》，国际原子能机构《安全标准丛书》第 SSG-22（Rev.1）号，国际原子能机构，维也纳（2023 年）。

[14] 国际原子能机构《安全的领导和管理》，国际原子能机构《安全标准丛书》第 GSR Part 2 号，国际原子能机构，维也纳（2016 年）。

[15] 国际原子能机构《核装置管理系统》，国际原子能机构《安全标准丛书》第 GS-G-3.5 号，国际原子能机构，维也纳（2009 年）。

[16] 联合国粮食及农业组织、国际原子能机构、国际民用航空组织、国际劳工组织、国际海事组织、国际刑警组织、经济合作与发展组织核能机构、泛美卫生组织、全面禁止核试验条约组织筹备委员会、联合国环境规划署、联合国人道主义事务协调厅、世界卫生组织、世界气象组织，《核或辐射应急准备与响应》，国际原子能机构《安全标准丛书》第 GSR Part 7 号，国际原子能机构，维也纳（2015 年）。

[17] 国际原子能机构《关于核材料和核设施实物保护的核安保建议》（《情况通报》第 INFCIRC/225/Revision 5）号，国际原子能机构《核安保丛书》第 13 号，国际原子能机构，维也纳（2011 年）。

[18] 国际原子能机构《核材料和核设施的实物保护》（INFCIRC/225/Rev.5 实施），国际原子能机构《核安保丛书》第 27-G 号，国际原子能机构，维也纳（2018 年）。

[19] 国际原子能机构《核设施寿期中安保》，国际原子能机构《核安保丛书》第 35-G 号，国际原子能机构，维也纳（2019 年）。

[20] 国际原子能机构、国际劳工组织，《职业辐射防护》，国际原子能机构《安全标准丛书》第 GSG-7 号，国际原子能机构，维也纳（2018 年）。

参与起草和审订人员

Abou Yehia, H.	国际原子能机构
Capy, V.	法国原子技术公司
Carter, C.	荷兰 Pallas 反应堆筹备基金会
Hargitai, T.	顾问（匈牙利）
Matteoli, C.	荷兰核安全与辐射防护管理局
Perrin, C.D.	阿根廷核监管机构
Sears, D.F.	国际原子能机构
Shaw, P.	国际原子能机构
Shokr, A.M.	国际原子能机构

IAEA
国 际 原 子 能 机 构

No. 27

当 地 订 购

国际原子能机构的定价出版物可从我们的主要经销商或当地主要书商处购买。
未定价出版物应直接向国际原子能机构发订单。

定价出版物订单

请联系您当地的首选供应商或我们的主要经销商：

Eurospan
1 Bedford Row
London WC1R 4BU
United Kingdom

交易订单和查询：
电话：+44 (0) 1235 465576
电子信箱：trade.orders@marston.co.uk

个人订单：
电话：+44 (0) 1235 465577
电子信箱：direct.orders@marston.co.uk
网址：www.eurospanbookstore.com/iaea

欲了解更多信息：
电话：+44 (0) 207 240 0856
电子信箱：info@eurospan.co.uk
网址：www.eurospan.co.uk

定价和未定价出版物的订单均可直接发送至：

Publishing Section
International Atomic Energy Agency
Vienna International Centre
PO Box 100
1400 Vienna, Austria
电话：+43 1 2600 22529 或 22530
电子信箱：sales.publications@iaea.org
网址：https://www.iaea.org/zh/chu-ban-wu

24-01013C

FSC
www.fsc.org
MIX
Papier | Fördert gute Waldnutzung
FSC® C083411

Zeitfracht Medien GmbH
Ferdinand-Jühlke-Straße 7
99095 Erfurt, Deutschland
produktsicherheit@kolibri360.de